高职高专机械设计与制造专业规划教材

互换性与测量技术
(第二版)

马保振　张玉芝　主　编
何红华　张信群　隗东伟　石桂菊　副主编

清华大学出版社
北　京

内 容 简 介

本书根据教育部关于《"十二五"职业教育教材建设的若干意见》文件的精神和高职高专发展型、复合型和创新型技术技能人才的培养目标，结合编者多年从事专业教学和生产实践的经验编写而成。

本书系统介绍了互通性与测量技术的相关知识。本书内容共分 9 章，包括：绪论、测量技术基础、尺寸公差与配合、几何公差、表面粗糙度、螺纹配合的互换性、滚动轴承与孔轴结合的互换性、键与花键联接的互换性和圆柱齿轮传动的互换性。本书各章开头有学习目标和内容导入，章尾均附有习题，以帮助学生学习和巩固。

本书力求突出实践性、实用性、通俗性和先进性，可作为高职高专机械类、近机类专业的教学用书，也可供有关工程技术人员参考。

图书在版编目(CIP)数据

互换性与测量技术/马保振，张玉芝主编. --2 版. --北京：清华大学出版社，2014(2023.1 重印)
(高职高专机械设计与制造专业规划教材)
ISBN 978-7-302-37130-4

Ⅰ. ①互…　Ⅱ. ①马…　②张…　Ⅲ. ①零部件—互换性—高等职业教育—教材　②零部件—测量技术—高等职业教育—教材　Ⅳ. ①TG801

中国版本图书馆 CIP 数据核字(2014)第 145998 号

责任编辑：章忆文　张丽娜
装帧设计：刘孝琼
责任校对：周剑云
责任印制：丛怀宇

出版发行：清华大学出版社
　　　　　网　　　址：http://www.tup.com.cn, http://www.wqbook.com
　　　　　地　　　址：北京清华大学学研大厦 A 座　　　邮　　编：100084
　　　　　社 总 机：010-83470000　　　　　　　　　邮　　购：010-62786544
　　　　　投稿与读者服务：010-62776969, c-service@tup.tsinghua.edu.cn
　　　　　质量反馈：010-62772015, zhiliang@tup.tsinghua.edu.cn
　　　　　课件下载：http://www.tup.com.cn, 010-62791865
印 装 者：涿州市般润文化传播有限公司
经　　销：全国新华书店
开　　本：185mm×260mm　　　印　张：13.75　　　字　数：331 千字
版　　次：2008 年 1 月第 1 版　2014 年 7 月第 2 版　印　次：2023 年 1 月第 8 次印刷
定　　价：38.00 元

产品编号：056913-02

前　言

　　"互换性与测量技术"是机械类及近机类专业必须掌握的一门重要的技术基础课，它与机械设计基础、机械制造基础及相关专业课程密切相关。

　　本教材注重知识的应用和实践能力的培养，以典型案例导入引出问题，围绕国家最新标准，系统介绍互换性和测量的相关知识，以培养学生解决实际问题的能力。本教材由具有教学经验丰富的教师和企业技术人员共同完成。

　　本书具有以下特点。

　　(1) 实践性。以典型案例导入引出问题，围绕案例阐述相关知识，通过知识应用解决实际问题，提高实践应用能力。

　　(2) 实用性。突出知识的实用性，在内容编排上适应高职高专教育的特点，坚持"以应用为目的，以必需、够用为度"的原则。

　　(3) 通俗性。语言浅显易懂，内容安排重点突出、循序渐进。

　　(4) 先进性。本书的概念、术语、技术参数均采用国际单位和最新国家标准的规定。

　　本书由马保振、张玉芝任主编，何红华、张信群、隗东伟、石桂菊任副主编。其中第1、4 章由河北工业职业技术学院马保振编写；第5、8、9 章由河北工业职业技术学院张玉芝编写；第 6 章由河北工业职业技术学院何红华编写；第 2 章由滁州职业技术学院张信群编写；第 3、7 章由哈尔滨职业技术学院隗东伟编写；书中实验由烟台职业技术学院石桂菊和中钢集团邢台机械轧辊有限公司次耀辉编写；河北工业职业技术学院赵振学也参加了部分编写工作。全书由马保振、张玉芝统稿。

　　由于编者水平有限，书中难免存在不妥之处，敬请各位专家和广大读者批评指正。

编　者

目　　录

第1章 绪 论

学习目标

通过本章的学习，理解互换性、公差、误差的概念；区分完全互换与不完全互换；了解有关标准化、优先数的术语及定义；了解技术测量的目的及本课程的任务和要求。

内容导入

在日常生活中，我们经常会遇到这样的情况：家里的灯泡坏了，自行车上的螺钉丢了，买一个相同规格的换上即可正常使用，非常方便、快捷。那么请问：一个 M10 的六角头螺栓应该与什么样的螺母相匹配？如何保证螺母的任意互换？如何控制螺母的加工误差？

1.1 互换性的基本概念

1.1.1 互换性的含义

互换性是指同一规格的零、部件可以相互替换的性能。零件在制造时，采用同一规格要求；在装配时，无须挑选或附加调整；在装配后，能保证预定的使用性能。这样的零、部件称作具有互换性的零件。

广义的互换性是指机器的零件在各种性能方面都具有互换性，如零件的几何参数、物理性能、化学性能等。狭义的互换性是指机器的零件只满足几何参数方面的要求，如尺寸、几何形状、位置和表面粗糙度的要求。本书只介绍零件几何参数方面的互换性。

1.1.2 互换性的种类

按照同种零件互换程度的不同，互换性可分为完全互换和不完全互换两种。

1. 完全互换

对于同一规格的零部件，不需经过挑选和修配就能装配到机器上去，并能满足使用要求，这种互换就称为完全互换。完全互换一般用于大批量生产的零部件，适合于任何场合。

2. 不完全互换

当对零件的精度要求很高时，为了便于制造，通常把零件的公差适当放大，装配前根据实际尺寸进行分组，或者在装配时根据实际情况对调整用的零件进行调整，这种互换就称为不完全互换。不完全互换一般用于生产批量小、装配精度高的零部件，适合于部分场合。

1.1.3 互换性的作用

在现代化机械制造业中，应用互换性原则已成为提高生产水平和促进技术进步的强有力的手段之一，其作用主要体现在下述几个方面。

在设计过程中，采用具有互换性的标准零、部件，将简化设计工作量，缩短设计周期。

在制造过程中，有利于组织专业化生产，采用先进工艺和高效率的专用设备，提高生产效率。

在装配过程中，使装配过程能够连续而顺利进行，从而缩短装配周期。

在使用过程中，可以减少机器的维修时间和费用，保证机器能连续持久地运转，提高机器的使用寿命。

总之，互换性在提高产品质量和可靠性、提高经济效益等方面均具有重大意义。互换性生产对我国社会主义现代化建设具有十分重要的意义。

1.2 互换性生产的实现

1.2.1 加工误差和公差

1. 加工误差

在零件加工制造过程中，由于机床、夹具、刀具及工件系统产生的受力变形、热变形以及振动、磨损和安装、调整等因素的影响，被加工零件的几何参数不可避免地会产生误差，即加工误差。其包括尺寸误差、形状误差、位置误差、表面粗糙度等。

2. 公差

使相同规格的零、部件的几何参数达到完全一致，几乎是不可能的。实际上，合理控制零件的误差不超出一定的范围，不仅能够满足装配后的使用要求，也可以使零件在制造时经济合理。这个允许零件几何参数的变动量就称为公差。

3. 误差与公差的区别

加工误差是在零件加工过程中产生的，它的大小受加工过程中各种因素的影响。公差是允许零件尺寸的变动量，它是在设计中给定的。

同一规格零件，规定的公差值越大，零件"精度"越低，越容易加工；反之，"精度"越高，加工越困难。所以，在满足使用要求的前提下，应尽量规定较大的公差值。

1.2.2 标准化与标准

为实现互换性，国标标准把公差数值标准化，以满足相互联系的各个生产环节之间互相衔接的要求，进而形成一个共同的技术标准，将产品和技术要求统一起来。所以标准化是实现互换性生产的基础，是组织现代化生产的重要手段。

1. 标准

标准是从事生产建设、经营管理和商品流通的一种共同的技术依据。它是在总结生产活动中，对具有多样性、重复性的事物，在一定范围内所做的统一规定。

按照标准的适用范围，我国的标准分为国家标准、行业标准、地方标准和企业标准四个级别。

国家标准是指由国家标准化主管机构批准发布，对全国经济、技术发展有重大意义，且在全国范围内统一的标准，其他各级别标准不得与国家标准相抵触。

行业标准主要是指全国性的各专业范围统一的标准。行业标准由国务院有关行政主管部门制定，在全国某个行业范围内适用。

地方标准由省、自治区、直辖市标准化行政主管部门制，在地方辖区范围内适用。

对于没有国家标准、行业标准和地方标准的产品，企业应当制定相应的企业标准，并报当地政府标准化行政主管部门和有关行政主管部门备案。企业标准在该企业内部适用。

国家标准、行业标准和地方标准又分为强制性标准和推荐性标准两大类。少量的有关人身安全、健康、卫生及环境保护之类的标准属于强制性标准，国家采用法律、行政和经济等各种手段来维护强制性标准的实施。大量的(80%以上)标准属于推荐性标准。强制性国家标准代号为 GB，推荐性国家标准的代号为 GB/T。

在国际上，为了促进世界各国在技术上的统一，成立了国际标准化组织(International Organization for Standardization，ISO)和国际电工委员会(International Electrotechnical Commission，IEC)，由这两个组织负责制定和发布国际标准。我国于 1978 年加入 ISO 后，陆续修订了自己的标准，在立足我国生产实际的基础上向 ISO 靠拢，以加强国际技术交流和产品互换。

标准的范围极广，种类繁多。本书主要介绍公差与配合标准、几何公差标准、表面粗糙度等标准。

2. 标准化

标准化是指以制定标准和贯彻标准为主要内容的全部活动过程，包括调查标准化对象，经试验、分析和综合归纳，进而制定和贯彻标准，修订标准等。标准化是以标准的形式体现的，也是一个不断循环、不断提高的过程。

1.2.3　优先数与优先数系

在制定公差标准及设计零件的结构参数时，都需要通过数值来表示。这些数值往往不是孤立的，一旦选定，就会按照一定规律，向一切有关的参数传播。例如，螺栓的尺寸一旦确定，将会影响螺母的尺寸，丝锥、板牙的尺寸，螺栓孔的尺寸以及加工螺栓孔的钻头的尺寸等。这种技术参数的传播扩散在实际生产中是极为普遍的现象。

由于数值的相互关联、不断传播，机械产品的各种技术参数不能随意确定，否则会给生产组织、协作配套以及使用维护带来极大的困难。必须把实际应用的数值限制在较小范围内，并进行优选、协调、简化和统一。凡在科学数值分级制度中被确定的数值，均称为优先数。按一定公比由优先数所形成的十进制几何级数系列，称为优先数系。

为使产品的参数选择能遵守统一的规律，国家标准 GB/T 321—2005《优先数和优先数系》中规定以十进制等比数列为优先数系，并规定了五个系列，分别用系列符号 R5、R10、R20、R40 和 R80 表示，其中前四个系列作为基本系列，R80 为补充系列，仅用于分级很细的特殊场合。各系列的公比为

$$R5 \text{ 系列的公比}(q_5)= \sqrt[5]{10} \approx 1.60$$
$$R10 \text{ 系列的公比}(q_{10})= \sqrt[10]{10} \approx 1.25$$
$$R20 \text{ 系列的公比}(q_{20})= \sqrt[20]{10} \approx 1.12$$
$$R40 \text{ 系列的公比}(q_{40})= \sqrt[40]{10} \approx 1.06$$
$$R80 \text{ 系列的公比}(q_{80})= \sqrt[80]{10} \approx 1.03$$

优先数系的五个系列中任一个项目均为优先数。按公比计算得到的优先数的理论值，除 10 的整数幂外，都是无理数，工程技术上不能直接应用。实际应用的都是经过圆整后的近似值，根据圆整的精确程度，可分为以下两种。

(1) 计算值。取五位有效数字，供精确计算用。

(2) 常用值。即经常使用的通常所称的优先数，取三位有效数字。

表 1.1 中列出了 1～10 基本系列的常用值，如将表中所列优先数乘以 10、100 等或乘以 0.1、0.01 等即可得到所有大于 10 或小于 1 的优先数。

标准还允许从基本系列和补充系列中隔项取值组成派生系列，如在 R10 系列中每隔两项取值得到 R(10/3)系列，即 1.00,2.00,4.00,8.00,…就是常用的倍数系列。

优先数系在各种公差标准中广泛采用，公差标准表格中的数值，都是按照优先数系选定的。例如，《公差与配合》国家标准中的标准公差值主要是按 R5 系列确定的。

表 1.1 优先数基本系列

| 基本系列(常用值) | | | | 计 算 值 |
R5	R10	R20	R40	
1.00	1.00	1.00	1.00	1.0000
			1.06	1.0593
		1.12	1.12	1.1220
			1.18	1.1885
	1.25	1.25	1.25	1.2589
			1.32	1.3335
		1.40	1.40	1.4125
			1.50	1.4962
1.60	1.60	1.60	1.60	1.5849
			1.70	1.6788
		1.80	1.80	1.7783
			1.90	1.8836

基本系列(常用值)				计 算 值
R5	R10	R20	R40	
	2.00	2.00	2.00	1.9953
			2.12	2.1135
		2.24	2.24	2.2387
			2.36	2.3714
2.50	2.50	2.50	2.50	2.5119
			2.65	2.6607
		2.80	2.80	2.8184
			3.00	2.9854
	3.15	3.15	3.15	3.1623
			3.35	3.3497
		3.55	3.55	3.5481
			3.75	3.7581
4.00	4.00	4.00	4.00	3.9811
			4.25	4.2170
		4.50	4.50	4.4668
			4.75	4.7315
	5.00	5.00	5.00	5.0119
			5.30	5.3088
		5.60	5.60	5.6234
			6.00	5.9566
6.30	6.30	6.30	6.30	6.3096
			6.70	6.6834
		7.10	7.10	7.0795
			7.50	7.4980
	8.00	8.00	8.00	7.9433
			8.50	8.4140
		9.00	9.00	8.9125
			9.50	9.4405
10.00	10.00	10.00	10.00	10.00

1.2.4 几何量的测量

先进的公差标准，对零件的几何参数分别给定了合理的公差，设计出图样，加工成零件之后，还需对零件的合格性采用相应的技术测量，通过检测，将几何参数的误差控制在规定的范围内，零件就合格，能够满足互换性要求。反之，零件就不合格，就不能达到互换的目的。

实验与实训

1. 实验内容

准备一批规格不同的螺母与螺栓，用螺纹牙型样板检验螺纹规格；把相同规格的螺母与螺栓自由旋合在一起；从国标中查出螺栓与螺母的尺寸规格，并确定其优先数系列。

2. 实验目的

理解互换性、公差、误差、标准化、优先数、技术测量的概念。

3. 实验过程

分析螺母螺纹的加工误差与公差、标准化的国家标准、优先数列、测量方法。

4. 实验总结

通过对螺栓与螺母的自由旋合的分析，懂得零件的互换性是由公差来保证的，公差值的选择通过国标来实现，国标的数值由优先数系来确定，零件加工产生的误差是否在公差范围内，要由检测结果决定。

习　　题

1. 填空题

(1) 实行专业化协作生产必须遵守＿＿＿＿＿＿原则。

(2) 互换性表现为对产品零部件在装配过程中的要求是：装配前＿＿＿＿＿＿，装配中＿＿＿＿＿＿，装配后＿＿＿＿＿＿。

(3) 从零件的功能看，不必要求同一规格的零件的几何参数加工的＿＿＿＿＿，只要求其在某一规定范围内变动，该允许变动的范围叫作＿＿＿＿＿。

2. 选择题

(1) 本课程研究的是零件(　　)方面的互换性。

　　A. 物理性能　　　B. 几何参数　　　C. 化学性能　　　D. 尺寸

(2) 不完全互换一般用于(　　)的零部件，适合于部分场合。

　　A. 生产批量大、装配精度高　　　　B. 生产批量大、装配精度低

　　C. 生产批量小、装配精度高　　　　D. 生产批量小、装配精度低

(3) 标准有不同的级别。"JB"为我国(　　)的代号。

　　A. 国家标准　　　B. 行业标准　　　C. 地方标准　　　D. 企业标准

3. 判断题

(1) 互换性要求零件按一个指定的尺寸制造。　　　　　　　　　（　　）

(2) 完全互换的装配效率必高于不完全互换。　　　　　　　　　（　　）

(3) 当零部件的装配精度要求很高时，宜采用不完全互换生产。（　　）

(4) 有了公差标准，就能保证零件具有互换性。　　　　　　　　（　　）

4. 简答题

(1) 什么叫互换性？互换性的分类有哪些？

(2) 何谓标准化？标准化有何重要意义？

(3) 检测的目的与作用是什么？为什么要规定公差？公差的大小与技术经济效益有何联系？

第 2 章　测量技术基础

学习目标

通过本章的学习，掌握测量的概念与测量要素、量块及其使用方法；了解测量器具与测量方法的分类和有关常用术语；掌握各种误差的特性和测量误差的方法；掌握计量器具的选择方法。

内容导入

实际生活中测量长度的工具有钢直尺、钢卷尺、皮尺、三角尺、游标卡尺和螺旋测微器等，这些测量工具的测量精度不同，如果要测量某轴的长度，选用哪一种测量工具比较适合？如果选定了测量工具后，测量了五次，测得值又不相同，那么如何确定测量误差？对测量数据如何处理才能得到最接近该长度真实值的测量结果？

2.1　测量技术基本概念

在机械制造中，为了保证机械零件的互换性，除了应对其几何参数(尺寸、形位误差及表面粗糙度等)规定合理的公差以外，还应在加工过程中进行测量和检验，才能判断它们是否符合设计要求。

2.1.1　测量的基本要素

1. 测量的概念

测量是指为了确定被测几何量的量值而进行的实验过程，其实质是将被测几何量 L 与作为计量单位的标准量 E 进行比较，从而获得两者比值 q 的过程，$q=L/E$，即

$$L=Eq \tag{2-1}$$

2. 测量的基本要素

由式(2-1)可知，任何一个测量过程都必须有明确的被测对象和确定的计量单位，此外还要明确二者是如何比较的和比较结果的精确度如何，即测量方法和测量精度的问题。所以，一个完整的测量过程应包括测量对象、计量单位、测量方法和测量精度四个要素。

1) 测量对象

本课程研究的测量对象是几何量，即长度、角度、形状、相对位置、表面粗糙度以及螺纹、齿轮等零件的几何参数。

2) 计量单位

测量中采用我国法定计量单位。长度的计量单位为米(m)，角度单位为弧度(rad)和度(°)、分($'$)、秒($''$)。

在机械制造的一般测量中，常用的长度计量单位是毫米(mm)；在精密测量中，常用的长度单位是微米(μm)；在超精密测量中，常用的长度单位是纳米(nm)。$1mm=10^{-3}m$，$1μm=10^{-3}mm$，$1nm=10^{-3}μm$。常用的角度计量单位是弧度、微弧度(μrad)和度、分、秒。$1μrad=10^{-6}rad$，$1°=60'$，$1'=60''$。

3) 测量方法

测量方法是指测量时所采用的测量原理、计量器具和测量条件的总和。在测量过程中，采用合适的测量方法，对测量结果有很大的影响。

4) 测量精度

测量精度是指测量结果与测量对象真实值的一致程度。

3. 测量技术的基本要求

测量技术的基本要求是：在测量过程中，保证计量单位的统一和量值准确；将测量误差控制在允许范围内，以保证测量结果的精度；正确、经济合理地选择计量器具和测量方法，保证一定的测量条件。

2.1.2　量块

在机械制造和仪器制造中，量块是应用很广的量值传递媒介。量块是没有刻度的截面为矩形的平行端面量具。作为长度尺寸传递的实物基准，量块广泛应用于计量器具的校准和鉴定，以及精密设备的调整、精密画线和精密工件的测量等。

1. 量块的特点、形状和尺寸

量块也称为块规，是特殊合金钢经过复杂的热处理工艺制成的。它具有线膨胀系数小、尺寸稳定、硬度高、耐磨性好、工作面粗糙度小以及研合性好等特点。

量块没有刻度，通常制成正六面体，它具有两个相互平行的测量面和四个非测量面，如图 2.1 所示。两个测量面之间具有精确的尺寸，从量块一个测量面上任意一点(距边缘0.5mm 区域除外)到与此测量块另一个测量面相研合的面的垂直距离称为量块的任意点中心长度 L_i。量块上一个测量面的中心点到另一个测量面相研合的面的垂直距离称为量块的中心长度 L。量块上标出的尺寸称为量块的标称长度。

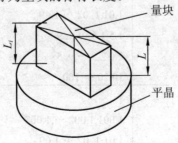

图 2.1　量块及其中心长度

2. 量块的精度

为了满足不同的使用场合，量块可做成不同的精度等级，国家标准对量块的精度规定了若干级和若干等。

(1) 块分"级"。国家标准 GB/T 6093—2001《几何量技术规范(GPS) 长度标准 量块》中将量块制造精度分为六级：00、0、1、2、3 和 K 级，精度依次降低。量块按"级"使用时，是以量块的标称长度为工作尺寸的，该尺寸包含了量块的制造误差，它们将被引入测量结果中。

(2) 量块分"等"。国家计量局标准 JJG146—2011《量块检定规程》，量块按检定精度分为 5 等，即 1、2、3、4 和 5 等，其中 1 等精度最高，5 等精度最低。量块按"等"使用时，是以量块经检定后所给出的实测中心长度作为工作尺寸的，该尺寸排除了量块的制造误差的影响，只包含检定时较小的测量误差。

3. 量块的应用

量块具有很好的黏合性。黏合性是指两个量块的测量面互相接触，并在不大的压力下做一些切向相对滑动，就能够贴附在一起的性质。利用这一性质可以在一定范围内，将多个尺寸不同的量块组合使用。根据 GB 6093—2001 的规定，我国生产的成套量块共有 17 种套别，每套的块数为 91、83、46、38 等。表 2.1 列出了部分套别量块的尺寸系列。

表 2.1 成套量块的尺寸表(摘自 GB 6093—2001)

套 别	总块数	级 别	尺寸系列(mm)	间隔(mm)	块 数
1	91	00, 0, 1	0.5		1
			1		1
			1.001,1.002,…,1.009	0.001	9
			1.01,1.02,…,1.49	0.01	49
			1.5,1.6,…,1.9	0.1	5
			2.0,2.5,…,9.5	0.5	16
			10,20,…,100	10	10
2	83	00, 0, 1, 2, (3)	0.5		1
			1		1
			1.005		9
			1.01,1.02,…,1.49	0.01	49
			1.5,1.6,…,1.9	0.1	5
			2.0,2.5,…,9.5	0.5	16
			10,20,…,100	10	10
3	46	0, 1, 2	1		1
			1.001,1.002,…,1.009	0.001	9
			1.01,1.02,…,1.09	0.01	9
			1.1,1.2,…,1.9	0.1	9
			2,3,…,9	1	8
			10,20,…,100	10	10

套　别	总块数	级　别	尺寸系列(mm)	间隔(mm)	块　数
4	38	0,1,2,(3)	1		1
			1.005		1
			1.01,1.02,…,1.09	0.01	9
			1.1,1.2,…,1.9	0.1	9
			2,3,…,9	1	8
			10,20,…,100	10	10

在组合使用量块测量工件时，为了减少误差，应尽量减少量块组的量块数目，一般不超过 4 个。组合时，根据所需要尺寸的最后一位数字选第一个量块的尺寸的尾数，逐一选取，每选一个量块至少减去所需尺寸的一位尾数。

例如，从 83 个一套的量块组中选取几个量块组成尺寸为 38.985mm 的量块。选取步骤如下：

$$
\begin{array}{rl}
38.985 & \\
-\quad 1.005 & \qquad\text{第一个量块尺寸} \\
\hline
37.98 & \\
-\quad 1.48 & \qquad\text{第二个量块尺寸} \\
\hline
36.5 & \\
-\quad 6.5 & \qquad\text{第三个量块尺寸} \\
\hline
30 & \qquad\text{第四个量块尺寸}
\end{array}
$$

即 38.985=1.005+1.48+6.5+30。

2.2　计量器具和测量方法

2.2.1　计量器具

计量器具是指能直接或间接测出被测对象量值的技术装置。

1. 计量器具的分类

根据结构特点和用途，计量器具可以分为标准量具、极限量规、计量仪器和计量装置。

1) 标准量具

标准量具是指以一个固定尺寸复现量值的计量器具，又可分为单值量具和多值量具。单值量具只能复现几何量的单个量值，如量块、直角尺等。多值量具能够复现几何量在一定范围内的一系列不同的量值，如线纹尺等。标准量具一般没有放大装置。

2) 极限量规

极限量规是指没有刻度的专用计量器具，用来检验工件实际尺寸和形位误差的综合结果。量规只能判断被测工件是否合格，而不能获得被测工件的具体尺寸数值，如光滑极限量规、螺纹量规等。

3) 计量仪器

计量仪器是指将被测量值转换成可直接观测的指示值或等效信息的计量器具。其特点是一般都有指示、放大系统。

4) 计量装置

计量装置是指为确定被测量值所必需的测量器具和辅助设备的总体。它能够测量较多的几何参数和较复杂的工件，如连杆和滚动轴承等。

2. 计量器具的技术参数指标

计量器具的技术参数指标既反映了计量器具的功能，也是选择、使用计量器具的依据。计量器具的技术参数指标如下。

1) 刻度间距

刻度间距是指计量器具的刻度尺或刻度盘上相邻两刻度线中心之间的距离。刻度间距太小会降低估读精度，太大会加大读数装置的轮廓尺寸，一般为1~2.5mm。

2) 分度值

分度值是指计量器具的刻度尺或刻度盘上每一刻度间距所代表的量值。例如，千分尺的微分套筒上的分度值有 0.001mm、0.002mm、0.005mm 等几种。对于一些数字显示式量仪，其分度值称为分辨率。一般来说，分度值越小，计量器具的精度就越高。

3) 示值范围

示值范围是指计量器具所指示的最小值(起始值)到最大值(终止值)的范围。

4) 测量范围

测量范围是指计量器具在允许的误差极限范围内，所能测出的最小值到最大值的范围。某些计量器具的测量范围和示值范围是相同的，如游标卡尺和千分尺。

5) 灵敏度

灵敏度是指计量器具对被测几何量微小变化的反应能力。如果被测几何量的激励变化为 ΔX ，所引起的计量器具的响应变化为 ΔL ，灵敏度(S)为

$$S=\Delta L/\Delta X \tag{2-2}$$

当激励和响应为同一类量时，则灵敏度也称为放大倍数(K)可用下式表示：

$$K=c/i \tag{2-3}$$

式中：c——计量器具的刻度间距；

　　　i——计量器具的分度值。

一般来说，分度值越小，灵敏度就越高。

6) 示值误差

示值误差是指计量器具上的指示值与被测几何量真值之间的代数差。示值误差可从说明书或检定规程中查得，也可通过实验统计确定。一般来说，示值误差越小，计量器具的精度就越高。

7) 修正值

修正值是指为消除系统误差，加到未修正的测量结果上的代数值。修正值与示值误差

绝对值相等而符号相反。

8) 测量重复性

测量重复性是指在测量条件不变的情况下，对同一被测几何量进行多次测量时(一般5～10 次)，各测量结果之间的一致性。

9) 不确定度

不确定度是指由于测量误差的存在而对被测几何量的真值不能肯定的程度。它也反映了计量器具精度的高低。

2.2.2　测量方法

测量方法是指获得测量值的方式，可从不同角度进行分类。

1. 按实测几何量与被测几何量的关系分类

1) 直接测量

直接测量是指直接通过计量器具获得被测几何量量值的测量方法，如用游标卡尺直接测量圆柱体直径。

2) 间接测量

间接测量是指先测量出与被测几何量有已知函数关系的几何量，然后通过函数关系计算出被测几何量的测量方法。例如，因为条件所限，不能直接测量轴径时，可用一段绳子先测出周长，再通过关系式计算出轴径的尺寸。

2. 按指示值是否是被测几何量的量值分类

1) 绝对测量

绝对测量是指能够从计量器具上直接读出被测几何量的整个量值的测量方法。例如，用游标卡尺、千分尺测量轴径，轴径的大小可以直接读出。

2) 相对测量

相对测量是指计量器具的指示值仅表示被测几何量对已知标准量的偏差，而被测几何量的量值为计量器具的指示值与标准量的代数和的测量方法。例如，用机械比较仪测量轴径，测量时先用量块调整量仪的零位，然后对被测量进行测量，该比较仪指示出的示值为被测轴径相对于量块尺寸的偏差。

一般来说，相对测量的测量精度比绝对测量的测量精度高。

3. 按测量时被测表面与计量器具的测头之间是否接触分类

1) 接触测量

接触测量是指计量器具在测量时测头与零件被测表面直接接触，即有测量力存在的测量方法。例如，用游标卡尺、千分尺测量工件，用立式光学比较仪测量轴径。

2) 非接触测量

非接触测量是指测量时计量器具的测头与零件被测表面不接触，即无测量力存在的测量方法。例如，用光切显微镜测量表面粗糙度，用气动量仪测量孔径。

对于接触测量而言，由于有测量力的存在，会引起被测表面和计量器具有关部分产生弹性变形，从而产生测量误差，而非接触测量则无此影响。

4. 按工件上同时被测几何量的多少分类

1) 单项测量

单项测量是指分别测量同一工件上的各单项几何量的测量方法，如分别测量螺纹的螺距、中径和牙型半角。

2) 综合测量

综合测量是指同时测量工件上几个相关几何量，以判断工件的综合结果是否合格的测量方法。例如，用齿距仪测量齿轮的齿距累积误差，实际上反映的是齿轮的公法线长度变动和齿圈径向跳动两种误差的综合结果。

一般来说，单项测量结果便于工艺分析，综合测量适用于只要求判断合格与否，而不需要得到具体测量值的场合。此外，综合测量的效率比单项测量的效率高。

5. 按决定测量结果的全部因素或条件是否改变分类

1) 等精度测量

等精度测量是指测量过程中，决定测量结果的全部因素或条件都不改变的测量方法。例如，由同一个人，在计量器具、测量环境、测量方法都相同的情况下，对同一个被测对象自行进行多次测量，可以认为每一个测量结果的可靠性和精确度都是相等的。为了简化对测量结果的处理，一般情况下采用等精度测量。

2) 不等精度测量

不等精度测量是指在测量过程中，决定测量结果的全部因素或条件可能完全改变或部分改变的测量方法。例如，用不同的测量方法和不同的计量器具，在不同的条件下，由不同人员对同一个被测对象进行不同次数的测量，显然，其测量结果的可靠性和精确度各不相等。由于不等精确度测量的数据处理比较麻烦，因此只用于重要的高精度测量。

2.3 测量误差和数据处理

2.3.1 测量误差概述

1. 测量误差的概念

任何测量过程中，由于计量器具本身的误差及测量方法和测量条件的限制，都不可避免地存在误差，测量所得的实际值不可能是被测几何量的真值，这种实际测得值与被测几何量真值的差异称为测量误差。测量误差可以用绝对误差和相对误差表示。

1) 绝对误差

绝对误差是指被测几何量的测得值(即仪表的指示值)与其真值之差，即

$$\delta = x - x_0 \tag{2-4}$$

式中：δ——绝对误差；

     x——被测几何量的测得值；

     x_0——被测几何量的真值。

由于测得值 x 可能大于或小于真值 x_0，所以绝对误差 δ 可能是正值也可能是负值。因此，真值可用下式表示：

$$x_0 = x \pm | \delta | \tag{2-5}$$

按照式(2-5)，可用测得值 x 和测量误差 δ 来估算真值 x_0 所在的范围。所以测量误差的绝对值越小，说明测得值越接近真值，因此测量精度就高。反之，测量精度就低。但是对于不同的被测几何量，绝对误差就不能说明它们测量精度的高低。例如，用某测量长度的量仪测量 50mm 的长度，绝对误差为 0.005mm。用另一台量仪测量 500mm 的长度，绝对误差为 0.02mm。这时，就不能用绝对误差的大小来判断测量精度的高低。因为后者的绝对误差虽然比前者大，但它相对于被测量的值却很小。为此，需要用相对误差来比较它们的测量精度。

2) 相对误差

相对误差是指被测几何量的绝对误差(一般取绝对值)与其真值之比，即

$$\varepsilon = \frac{x - x_0}{x_0} \times 100\% = \frac{\delta}{x_0} \times 100\% \tag{2-6}$$

式中：ε——相对误差。

相对误差是一个无量纲的数值。相对误差比绝对误差能更好地说明测量的精确程度。在上面的例子中，$\varepsilon_1 = \dfrac{0.005}{50} \times 100\% = 0.01\%$，$\varepsilon_2 = \dfrac{0.02}{500} \times 100\% = 0.004\%$。显然，后者的测量精度更高。

2. 测量误差的来源

在实际测量中，产生测量误差的因素很多，归纳起来主要有以下几个方面。

1) 计量器具误差

计量器具误差是指计量器具本身在设计、制造和使用过程中造成的各项误差。这些误差的综合反映可用计量器具的示值精度或不确定度来表示。

2) 测量方法误差

测量方法误差是指由于测量方法不完善所引起的误差，包括计算公式不精确，测量方法选择不当，测量过程中工件安装、定位不合理等，如在接触测量中，由于测量力引起计量器具和被测零件的变形而产生的测量误差。

3) 测量环境误差

测量环境误差是指测量时的环境条件(包括温度、湿度、气压、振动、灰尘、电磁场等)不符合标准条件所引起的误差。测量的环境条件中温度对测量结果的影响最大。例如，在测量长度尺寸时，标准的环境温度应为 20℃，但是在实际测量时，当计量器具和被测零件的实际温度偏离标准温度 20℃时，因温度变化就会产生测量误差，其大小为

$$\delta = x\,[\alpha_1(t_1 - 20℃) - \alpha_2(t_2 - 20℃)] \tag{2-7}$$

式中：δ——测量误差；

α_1、α_2——计量器具和被测零件的线膨胀系数；

t_1、t_2——测量时计量器具和被测零件的实际温度(℃)。

4) 测量人员误差

测量人员误差是指由测量人员的主观因素引起的误差，如测量人员技术不熟练、测量瞄准不准确、估读判断错误等引起的误差。

2.3.2　测量误差的分类

按照测量误差的特点和性质，可以将测量误差分为系统误差、随机误差和粗大误差三类。

1. 系统误差

系统误差是指在相同的测量条件下，对同一几何量进行多次重复测量时，误差的大小和符号均保持不变的测量误差，或者误差的大小和符号按一定规律变化的测量误差。例如，计量器具刻度盘分度不准确，就会造成读数偏大或偏小，从而产生定值系统误差；量仪的分度盘与指针回转轴偏心所产生的示值误差则会产生变值系统误差。

系统误差越小，测量结果的准确度越高。根据系统误差的性质和变化规律，系统误差可以用计算或实验对比的方法确定，用修正值从测量结果中予以消除。但是在有些情况下，由于系统误差的变化规律比较复杂，不易确定，所以很难消除。

2. 随机误差

随机误差是指在相同的测量条件下，对同一几何量进行多次重复测量时，误差的大小和符号以不可预见的方式变化的测量误差。随机误差是由测量过程中许多难以控制的偶然因素或不稳定因素引起的。例如，量仪传动机构的间隙、摩擦力的变化、测量力的不恒定和测量温度波动等引起的测量误差，都属于随机误差。

对某一次具体测量而言，随机误差的大小和符号是无法预知的，既不能用实验方法消除，也不能修正。但是对同一被测对象进行连续多次重复测量时，所得到的一系列测得值的随机误差的总体存在着一定的规律性。因此，可利用概率论和数理统计的方法对测量结果进行处理，从而掌握随机误差的分布特性。大量实验结果表明，随机误差通常服从正态分布规律。

3. 粗大误差

粗大误差是指在一定的测量条件下，超出规定条件下预期的测量误差，即明显歪曲测量结果的误差。含有粗大误差的测量结果数值较大。产生粗大误差既有主观原因，也有客观原因，主观原因如测量人员疏忽造成的读数误差，客观原因如外界突然振动引起的测量误差。在处理测量数据时，应该剔除粗大误差。

2.3.3　测量精度

测量精度是指被测几何量的测得值与其真值的接近程度。测量误差越小，测量精度就越高；测量误差越大，则测量精度就越低。

根据在测量过程中系统误差和随机误差对测量结果的不同影响，测量精度一般分为以下三种。

1. 正确度

正确度是指在规定的测量条件下，测量结果与真值的接近程度。它反映了测量结果中系统误差影响的程度，系统误差小，则正确度高。

2. 精密度

精密度是指在规定的测量条件下连续多次测量时，所得到的各测量结果彼此之间符合的程度。它反映了测量结果中随机误差的大小。随机误差小，则精密度高。

3. 精确度

精确度是指连续多次测量所得的测得值与真值的接近程度。它反映了测量结果中系统误差与随机误差综合影响的程度，系统误差和随机误差都小，则精确度高。

对于一次具体的测量，精密度高，正确度不一定高，反之亦然；但精确度高时，正确度和精密度必定都高。

以射击打靶为例，如图 2.2 所示，小圆圈表示靶心，黑点表示弹孔。

图 2.2(a)表示随机误差小而系统误差大，即打靶的精密度高正确度低；

图 2.2(b)表示系统误差大而随机误差小，即打靶的正确度高而精密度低。

图 2.2(c)表示系统误差和随机误差均小，即打靶的精确度高。

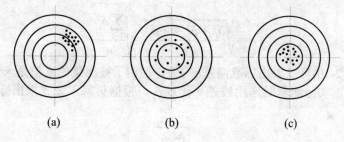

(a)　　　　　　　　(b)　　　　　　　　(c)

图 2.2　正确度、精密度和正确度示意

2.3.4　等精度测量的数据处理

等精度测量是指在同一测量条件下(即等精度条件下)，对同一被测量对象进行多次重复测量而得到一系列的测量值。在这些测量值中可能同时存在系统误差、随机误差和粗大误差，因此必须对这些误差进行处理。

1. 随机误差的处理

在测量过程中随机误差的出现是不可避免的，也是无法消除的。为了减轻其对测量结果的影响，可以用概率论和数理统计的方法来估算随机误差的大小和分布规律，并对测量结果进行处理。

1) 计算测量列的算术平均值

在同一条件下，对同一被测量进行多次(n 次)重复测量，将得到一系列不同的测得值 $x_1, x_2, x_3, \cdots, x_n$，则算术平均值为

$$\overline{x} = \frac{\sum_{i=1}^{n} x_i}{n} \tag{2-8}$$

式中：n——测量次数。

2) 计算残余误差

残余误差 v_i 是指测量列的各个测得值 x_i 与该测量列算术平均值 $\bar{x}$ 之差,简称残差。计算公式如下:

$$v_i = x_i - \bar{x} \tag{2-9}$$

从符合正态分布规律的随机误差的分布特性可以得出残差有两个基本性质。

(1) 残差的代数和等于零,即 $\sum_{i=1}^{n} v_i = 0$。

(2) 残差的平方和为最小,即 $\sum_{i=1}^{n} v_i^2$ 为最小。

3) 计算测量列中单次测得值的标准偏差

测得值的算术平均值虽能表示测量结果,但不能表示各测得值的精密度。为此,需要引入标准偏差的概念。

标准偏差是表征对同一被测量进行 n 次测量所得值的分散程度的参数。

根据误差理论,随机误差的标准偏差 σ 是各随机误差平方和的平均值的平方根,即

$$\sigma = \sqrt{\frac{\delta_1^2 + \delta_2^2 + \cdots \delta_n^2}{n}} = \sqrt{\frac{\sum_{i=1}^{n} \delta_1^2}{n}} \tag{2-10}$$

虽然根据式(2-10)可以求出标准偏差 σ 的值,但由于被测量的真值是未知量,因此随机误差 δ_i 也不可知。实际测量时常用残差 v_i 代替 δ_i,根据贝塞尔公式求出标准偏差 σ 的估算值,即

$$\sigma = \sqrt{\frac{\sum_{i=1}^{n} v_i^2}{n-1}} \tag{2-11}$$

单次测得值的测量结果的表达式可以写为

$$x_{ei} = x_i \pm 3\sigma \tag{2-12}$$

4) 计算测量列算术平均值的标准偏差

标准偏差 σ 代表一组测得值的精密度,但是在系列测量中是以算术平均值作为被测量的测量结果,因此,重要的是要知道算术平均值的标准偏差 $\sigma_{\bar{x}}$。

根据误差理论,测量列算术平均值的标准偏差与测量列中单次测得值的标准偏差 σ 之间的关系如下式:

$$\sigma_{\bar{x}} = \frac{\sigma}{\sqrt{n}} \tag{2-13}$$

式中:n——每组的测量次数。

测量列算术平均值的测量极限误差为

$$\delta_{\lim(\bar{x})} = \pm 3\sigma_{\bar{x}} \tag{2-14}$$

多次测量所得结果的表达式为

$$x_{ei} = \bar{x} \pm 3\sigma_{\bar{x}} \tag{2-15}$$

2. 系统误差的处理

系统误差会对测量结果产生较大的影响。因此，发现并消除系统误差是提高测量精度的一个重要方面。

1) 发现系统误差的方法

(1) 发现定值系统误差的方法。

定值系统误差的大小和符号均不变，它不影响测量误差的分布规律，只改变测量误差分布中心的位置。一般采用实验对比法来判断是否存在定值系统误差。实验对比法就是改变测量条件，对被测几何量进行多次重复测量，比较各次的测得值，如果没有差异，则不存在定值系统误差，如果有差异，则可以判定定值系统误差的存在。例如，量块按标称尺寸使用时，在测量结果中，就存在着由于量块尺寸偏差而产生的数值不变的定值系统误差，重复测量也不能发现这一误差，只有使用另一个更高精度等级的量块进行对比测量，才能发现定值系统误差。

(2) 发现变值系统误差的方法。

变值系统误差可以通过采用残差观察法来发现。这种方法也是对被测几何量进行多次重复测量，再根据各测得值的残差，列表或做出曲线图形并观察其变化规律，判断是否存在变值系统误差。图 2.3 中列出了几种残差曲线图形。如图 2.3(a)所示，各残差大体上正负相等，又没有显著的变化，可以判断不存在变值系统误差；如图 2.3(b)所示，各残差按近似的线性规律递增或递减，可以判断存在线性系统误差；如图 2.3(c)所示，各残差的大小和符号有规律地周期变化，可以判断存在周期性系统误差；如图 2.3(d)所示，各残差按某种特定的规律变化，可以判断存在复杂变化的系统误差。

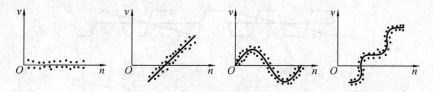

图 2.3　变值系统误差

必须注意，在应用残差观察法时，必须有足够多的重复测量次数，这样做出的图形才能显示出较明显的变化规律，如果测量次数较少，则会影响判断的可靠性。

2) 消除系统误差的方法

消除系统误差的方法主要有以下四种。

(1) 从误差根源上消除系统误差。

在测量前，对测量过程中可能产生系统误差的环节进行仔细分析，将误差从产生根源上加以消除。例如，在测量开始和结束时要校准仪器的示值零位；测量人员要正确读数。

(2) 用增加修正值的方法消除系统误差。

测量前，先检定或计算出计量器具的系统误差，取该系统误差的相反值作为修正值，测量后，用代数法将修正值加到实际测得值上，就可以消除测量结果的系统误差。例如，量块的实际尺寸不等于标称尺寸，若按标称尺寸使用，就会产生系统误差，而按经过检定的量块实际尺寸使用，就可避免该系统误差的产生。

(3) 用抵消法消除定值系统误差。

这种方法要求在对称位置上分别测量一次，以使两次测量所产生的系统误差大小相等、符号相反，然后取这两次测量的平均值作为测量结果，即可消除定值系统误差。例如，在工具显微镜上测量螺纹的螺距时(见图 2.4)，由于工件安装时其轴线与仪器工作台纵向移动的方向不重合，就会产生系统误差，结果造成实测左螺距比实际左螺距大，实测右螺距比实际右螺距小。为了减少安装误差对测量结果的影响，必须分别测出左右螺距，取二者的平均值作为测得值。

(4) 用半周期法消除周期性系统误差。

对于周期性变化的变值系统误差，一般采用半周期法消除，可以每相隔半个周期测量一次，以相邻两次测得值的平均值作为测量结果。

能否消除系统误差，取决于能否准确找出系统误差产生的根源和规律。实际上系统误差不可能完全消除，而只能减小到一定程度。一般认为，若能将系统误差减小到使其影响相当于随机误差的程度，则可认为系统误差已被消除。

3. 粗大误差的处理

在测量过程中产生的粗大误差数值比较大，应该尽可能避免，一般是根据拉依达准则来判断粗大误差的存在。拉依达准则又称为 3σ 法则。当测量误差通常服从正态分布规律时，残差可能超出 $\pm 3\sigma$ 的概率只有 0.27%。因此，在多次测量中，如果某次残差的绝对值大于 3σ，则可以认为该次测量结果中含有粗大误差，应该予以剔除。

必须注意的是，拉依达准则不适用于测量次数小于或等于 10 的情况。

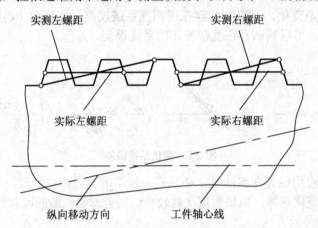

图 2.4 用抵消法消除定值系统误差举例

例 2-1 对某一轴的直径进行 15 次等精度测量，按测量顺序将各测得值依次列于表 2.2 中(设不含系统误差)，试求测量结果。

表 2.2 测量数据计算结果表

测量序号	测得值 x_i(mm)	残差 $v_i = x_i - \bar{x}$ (μm)	残差的平方 v_i^2 (μm²)
1	34.959	+2	4
2	34.955	−2	4
3	34.958	+1	1
4	34.957	0	0

测量序号	测得值 x_i (mm)	残差 $v_i = x_i - \bar{x}$ (μm)	残差的平方 v_i^2 (μm²)
5	34.958	+1	1
6	34.956	−1	1
7	34.957	0	0
8	34.958	+1	1
9	34.955	−2	4
10	34.957	0	0
11	34.959	+2	4
12	34.955	−2	4
13	34.956	−1	1
14	34.957	0	0
15	34.958	+1	1
算术平均值 $\bar{x}$ =34.957mm		$\sum\limits_{i=1}^{15} v_i = 0$	$\sum\limits_{i=1}^{15} v_i^2 = 26(\mu m^2)$

解: 根据题意可按下列步骤计算。

(1) 求测量列的算术平均值:

$$\bar{x} = \frac{\sum\limits_{i=1}^{n} x_i}{n} = 34.957 \text{mm}$$

(2) 计算残差和判定变值系统误差。各残差的数值经过计算后列于表 2.2 中,按照残差观察法,这些残差的符号大体上正、负相同,没有周期性变化,因此可以认为测量列中不存在变值系统误差。

(3) 计算测量列中单次测得值的标准偏差:

$$\sigma = \sqrt{\frac{\sum\limits_{i=1}^{n} v_i^2}{n-1}} \approx 1.36 \mu m$$

(4) 判断粗大误差:

$$3\sigma = 3 \times 1.36 \mu m = 4.08 \mu m$$

测量列中没有大于 4.08μm 的残差,根据拉依达准则,可以认为测量列中不存在粗大误差。

(5) 计算测量列算术平均值的标准偏差:

$$\sigma_{\bar{x}} = \sigma_{\bar{x}} \frac{\sigma}{\sqrt{n}} = \frac{1.36}{\sqrt{15}} \mu m \approx 0.35 \mu m$$

(6) 计算测量列算术平均值的测量极限误差:

$$\delta_{\lim(\bar{x})} = \pm 3\sigma_{\bar{x}} = \pm 3 \times 0.35 \mu m = \pm 1.05 \mu m$$

(7) 确定测量结果:

$$d_e = \bar{x} \pm 3\sigma_{\bar{x}} = (34.957 \pm 0.00105) \text{ mm}$$

2.4 光滑工件尺寸的测量

在车间的环境条件下，可以使用普通的计量器具对光滑工件尺寸进行检验，国家标准 GB/T 3177—1997《产品几何技术规范(GPS) 光滑工件尺寸检验》对此做出了规定。

2.4.1 安全裕度和验收极限

1. 误收和误废

由于测量误差的存在，在验收工件时，可能会受测量误差的影响，对位于极限尺寸附近的工件产生两种错误判断。

(1) 误收——将超出极限尺寸的工件误判为合格品而接收。

(2) 误废——将未超出极限尺寸的工件误判为废品而报废。

例如，用示值误差为±4μm 的千分尺验收 ϕ20h6($^{0}_{-0.013}$)的轴径时，其公差带如图 2.5 所示。根据规定，其上下偏差分别为 0 与-13μm。如果产品是轴径的实际偏差为 0～+4μm 的不合格品，而千分尺的测量误差为-4μm 时，测得值可能小于其上偏差，从而误判为合格品而接收，即导致误收。反之，如果产品是轴径的实际偏差为-4μm～0 的合格品，而千分尺的测量误差为+4μm 时，测得值可能大于其上偏差，从而误判为废品而报废，即导致误废。同理，当产品是轴径的实际偏差为-17～-13μm 的废品或-13～-9μm 的合格品，而千分尺的测量误差又分别为+4μm 或-4μm 时，将导致误收和误废。

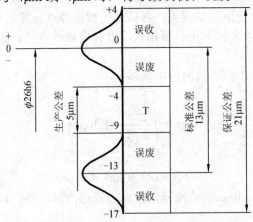

图 2.5 测量误差对测量结果的影响

误收会影响产品质量，误废会造成经济损失。但是在实际生产中，保证产品质量更为重要，所以 GB/T 3177—1997 中规定，"应只接收位于规定尺寸极限之内的工件"，即只允许有误废而不允许有误收。

2. 安全裕度和验收极限

为了减少误收，保证零件的质量，一般采用规定验收极限的方法来验收工件，即采用安全裕度来抵消测量的不确定度。国家标准对确定验收极限规定了两种方式。

1）内缩方式

内缩方式的验收极限是从工件的最大极限尺寸和最小极限尺寸向公差带内缩一个安全裕度 A。国家标准规定，安全裕度按照公差的 10%确定，其数值见表 2.3。

此时，工件的验收极限如下：

上验收极限=最大极限尺寸-安全裕度

下验收极限=最小极限尺寸+安全裕度

内缩方式主要适用于符合包容要求、公差等级高的尺寸。

表 2.3 安全裕度 A 与计量器具不确定度的允许值 u_1 单位：mm

工件公差		安全裕度	测量器具不确定	工件公差		安全裕度	测量器具不确定度
大于	小于	A	度允许值 u_1	大于	小于	A	允许值 u_1
0.009	0.018	0.001	0.0009	0.180	0.320	0.018	0.016
0.018	0.032	0.002	0.0018	0.320	0.580	0.032	0.029
0.032	0.058	0.003	0.0027	0.580	1.000	0.060	0.054
0.058	0.10	0.006	0.0054	1.000	1.800	0.100	0.090
0.100	0.180	0.010	0.0090	1.800	3.200	0.180	0.160

2）不内缩方式

不内缩方式的验收极限等于工件的最大极限尺寸和最小极限尺寸，即安全裕度 $A=0$。由于这种验收极限方式比较宽松，所以一般使用于非配合尺寸和一般公差尺寸。

2.4.2 计量器具的选择

1. 计量器具的选择原则

在机械制造中，计量器具的选择要综合考虑计量器具的技术指标和经济指标，主要有两点要求。

(1) 按照被测工件的外形、位置和尺寸的大小及被测参数的特性来选择计量器具，使选择的计量器具的测量范围能满足工件的要求。

(2) 按照被测工件的精度来选择计量器具，使选择的计量器具的不确定度 u_1，既能保证测量精度，又符合经济性要求。

2. 计量器具的选择指标

选择测量器具时，主要根据工件尺寸公差的大小，在表 2.3 中查找对应的安全裕度和测量器具不确定度允许值，再按表 2.4~表 2.6 所列出的测量器具的不确定度数值选择具体测量器具，其不确定度 u_1' 应小于或等于允许值 u_1。

表2.4　千分尺和游标卡尺的不确定度 u'_1　　　　　　　单位：mm

尺寸范围		所使用的计量器具			
		分度值为 0.01 的千分尺	分度值为 0.01 的千分尺	分度值为 0.02 的游标卡尺	分度值为 0.05 的游标卡尺
大于	至	不确定度			
0	50	0.004			0.050
50	100	0.005	0.008	0.020	
100	150	0.006			
150	200	0.007	0.013		
200	250	0.008		0.02	
250	300	0.009	0.08		
300	350	0.010			0.100
350	400	0.011	0.020		
400	450	0.012			
450	500	0.013	0.025	0.020	
500	600				
600	700		0.030		
700	1000				0.150

表2.5　比较仪的不确定度 u'_1　　　　　　　单位：mm

尺寸范围		所使用的计量器具			
		分度值为 0.0005(相当于放大倍数为 2000 倍)的比较仪	分度值为 0.001(相当于放大倍数为 1000 倍)的比较仪	分度值为 0.002(相当于放大倍数为 400 倍)的比较仪	分度值为 0.005(相当于放大倍数为 250 倍)的比较仪
大于	至	不确定度			
0	25	0.0006	0.0010	0.017	
25	40	0.0007			
40	65	0.0008	0.0011	0.0018	0.0030
65	90	0.0008			
90	115	0.0009	0.0012	0.0019	
115	165	0.0010	0.0013		
165	215	0.0012	0.0014	0.0020	
215	265	0.0014	0.0016	0.0021	0.0035
265	315	0.0016	0.0017	0.0022	

表 2.6　指示表的不确定度 u'_1　　　　　单位：mm

尺寸范围		所使用的计量器具			
		分度值为 0.001 的千分表(0 级在全程范围内、1 级在 0.2mm 内)；分度值为 0.002 的千分表在 1 转范围内	分度值为 0.001、0.002、0.005 的千分表(1 级在全程范围内)；分度值为 0.01 的百分表(0 级在任意 1mm 内)	分度值为 0.01 的百分表(0 级在全程范围内、1 级在任意 1mm 内)	分度值为 0.01 的百分表(1 级在全程范围内)
大于	至	不确定度			
0	25	0.005	0.010	0.018	0.030
25	40				
40	65				
65	90				
90	115				
115	165	0.006			
165	215				
215	265				
265	315				

例 2-2　工件的轴径尺寸为 $\phi40h9(^{\ 0}_{-0.062})$mm，且采用包容要求，试确定测量该轴径时的验收极限，并选择计量器具。

解：(1) 确定安全裕度和计量器具不确定度允许值：

已知公差等级 IT=9 级，公差 T=0.062mm，由表 2.3 中查得：安全裕度 A=0.006mm，计量器具不确定度允许值 u_1=0.0054mm。

(2) 确定验收极限：

上验收极限=最大极限尺寸-安全裕度=40mm-0.006mm=9.994mm

下验收极限=最小极限尺寸+安全裕度=39.938mm+0.006mm=39.944mm

(3) 选择计量器具：工件基本尺寸是 $\phi40$mm，从表 2.4 中查得：分度值为 0.01mm 的千分尺的不确定度 u'_1=0.004mm，因为 $u'_1 < u_1$，所以满足使用要求。

实验与实训

1. 实验内容

分别使用分度值为 0.05mm 的游标卡尺、分度值为 0.02mm 的游标卡尺、分度值为 0.01mm 的千分尺和分度值为 0.005mm 的比较仪等几种计量器具测量机床中某轴的直径，并比较测量结果。

2. 实验目的

理解实际尺寸、测量误差、测量精度、计量器具不确定度的概念。

3. 实验过程

分别测量出该轴的直径，比较测得值的大小，分析这几种计量器具的测量精度并分析哪一种最为合理。

4. 实验总结

通过用几种不同的计量器具对轴径的测量，懂得计量器具的选择不仅要考虑到零件的外形和精度，还要综合考虑计量器具的技术指标和经济指标，使选择的计量器具的不确定度 u_1，既能保证测量精度，又符合经济性要求。

习　　题

1. 填空题

(1) 量块按级使用时包含了_____误差，按等使用时包含了_____误差。

(2) 按决定测量结果的全部因素或条件是否改变分类，测量可以分为_____测量和_____测量。

(3) 测量器具所能读出的最大最小值的范围称为_____。

2. 选择题

(1) 对某一尺寸进行系列测量得到一系列测得值，测量精度明显受到环境温度的影响. 此温度误差为(　　).

　　　A. 系统误差　　　　　　B. 随机误差　　　　　C. 粗大误差

(2) 用比较仪测量零件时，调整仪器所用量块的尺寸误差，按性质为(　　).

　　　A. 系统误差　　　　　　B. 随机误差　　　　　C. 粗大误差

(3) 精密度是表示测量结果中(　　)影响的程度。

　　　A. 系统误差大小　　　　B. 随机误差大小

　　　C. 粗大误差大小　　　　D. 以上都是

3. 判断题

(1) 对某一尺寸进行多次测量，它们的平均值就是真值。　　　　　　　　　　(　　)

(2) 以多次测量的平均值作为测量结果可以减小系统误差。　　　　　　　　　(　　)

(3) 加工误差只有通过测量才能得到，所以加工误差实质上就是测量误差。　(　　)

(4) 实际尺寸就是真实的尺寸，简称真值。　　　　　　　　　　　　　　　　(　　)

(5) 量块按等使用时，量块的工件尺寸既包含制造误差，也包含检定量块的测量误差。　　　　　　　　　　　　　　　　　　　　　　　　　　　　　　　　　(　　)

4. 简答题

(1) 什么是测量？测量过程包含哪四个要素？

(2) 量块分"级"和分"等"的依据各是什么？实际测量中，按"级"使用和按"等"使用有什么区别？

(3) 测量误差按其性质可以分为几类？各有何特征？实际测量中对各类误差的处理原则是什么？

(4) 测量精度分为几种？

(5) 什么是安全裕度和验收极限？

(6) 某一测量范围为 0~25mm 的千分尺，当活动测杆与测砧可靠接触时，其读数为 +0.02mm。若用此千分尺测量工件直径时，读数为 19.95mm，系统误差值和修正后的测量结果是多少？

5. 实作题

(1) 试从 83 块一套的量块中分别组合下列尺寸：
①28.785；②38.935；③70.845。

(2) 用两种方法分别测量两个尺寸，设它们的真值分别为 $L_1 = 50mm$ 和 $L_2 = 80mm$。如果测得值分别为 50.004mm 和 80.006mm，试评定哪一种方法测量精度较高。

(3) 对某一尺寸进行 12 次等精度测量，各次的测得值按测量顺序记录如下(单位：mm)：

| 20.012 | 20.010 | 20.013 | 20.012 | 20.014 | 20.016 |
| 20.011 | 20.013 | 20.012 | 20.011 | 20.016 | 20.013 |

① 判断有无粗大误差。
② 确定测量列有无系统误差。
③ 求出测量列任一测得值的标准差。
④ 求出测量列总体算术平均值的标准偏差。
⑤ 分别求出用第五次测得值表示的测量结果和用算术平均值表示的测量结果。

第 3 章　尺寸公差与配合学习目标

学习目标

通过本章的学习，理解尺寸公差与配合的基本术语及定义；掌握尺寸公差带图的绘制，并能进行公差类别的判别；了解尺寸公差与配合国家标准的组成与特点；掌握常用尺寸公差与配合的选择。

内容导入

日常生活中，我们常见的门轴，是轴与孔的结合，但它们的结合不是随意的结合，而是有一定尺寸要求的。它们的结合要求是什么？如何满足结合要求？

3.1　公差与配合的基本术语及定义

3.1.1　有关尺寸的术语及定义

1. 尺寸

尺寸是指用特定单位表示长度值的数字，如长度、厚度、直径及中心距离等。机械工程中规定，一般以毫米(mm)作为尺寸的特定单位。

2. 基本尺寸

基本尺寸是指设计给定的尺寸，孔用 D、轴用 d 表示。它是根据产品的使用要求，根据零件的强度、结构等要求，通过计算或者试验、类比等方法确定的。如图 3.1 所示，$\phi20$mm 及 30mm 为圆柱销直径和长度的基本尺寸。

3. 实际尺寸

实际尺寸是指通过测量得到的尺寸，孔用 D_a、轴用 d_a 表示。由于加工误差的存在，按照同一图样要求所加工的零件，实际尺寸往往不同，即使是同一零件的不同位置、不同方向的实际尺寸也往往不一样。如图 3.2 所示，实际尺寸是实际零件上某一位置的实际测得值，加之测量时还存在着测量误差，所以实际尺寸并非真值。

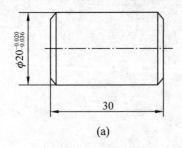

(a)

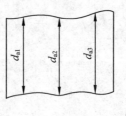

(b)

图 3.1　圆柱销图　　　　　　　　　　　图 3.2　圆柱销实际尺寸

4. 极限尺寸

极限尺寸是指允许尺寸变化的两个界限值。其中，尺寸较大的称为最大极限尺寸，孔用 D_{max}、轴用 d_{max} 表示；尺寸较小的称为最小极限尺寸，孔用 D_{min}、轴用 d_{min} 表示，如图 3.3(a)所示。

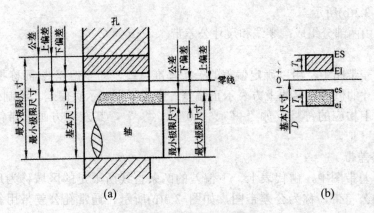

图 3.3　公差与配合示意

3.1.2　有关尺寸偏差、公差的术语及定义

1. 尺寸偏差

尺寸偏差(简称偏差)是指某一尺寸减其基本尺寸所得的代数差，其值可为正、为负或为零。尺寸偏差在计算和书写时，除零以外必须带有正号或负号。

(1) 实际偏差是实际尺寸减其基本尺寸所得的代数差，记为

$$实际偏差 = D_a - D(或 d_a - d) \tag{3-1}$$

(2) 极限偏差是极限尺寸减其基本尺寸所得的代数差。其中，最大极限尺寸与基本尺寸之差称为上偏差，孔用 ES、轴用 es 表示；最小极限尺寸与基本尺寸之差称为下偏差，孔用 EI、轴用 ei 表示。例如，图 3.3(a)中的尺寸分别记为

$$ES = D_{max} - D, \ es = d_{max} - d \tag{3-2}$$

$$EI = D_{min} - D, \ ei = d_{min} - d \tag{3-3}$$

2. 尺寸公差

尺寸公差(简称公差)是指允许尺寸的变动量，孔用 T_h、轴用 T_s 表示。零件在加工过程中，不可能准确地加工成基本尺寸，总有一定的误差。但这个误差应在允许范围内变化，这个范围就是允许尺寸的变动量，即公差。它的大小等于最大极限尺寸与最小极限尺寸代数差的绝对值，也等于上偏差与下偏差代数差的绝对值。用图 3.3(a)来说明，即

$$T_h = |D_{max} - D_{min}| = |ES - EI| \tag{3-4}$$

$$T_s = |d_{max} - d_{min}| = |es - ei| \tag{3-5}$$

公差和偏差二者是有区别的。偏差是代数差，有正负号；而公差则是绝对值，没有正负之分，计算时不能加正负号，也不能为零。

3. 尺寸公差带图

如前所述，有关尺寸、极限偏差及公差都是利用图 3.3(a)进行分析的。从图 3.3(a)中可见，由于基本尺寸与公差值的大小相差悬殊，不便于用同一比例在图上表示。为了表明尺寸、极限偏差及公差之间的关系，可以不必画出孔与轴的全形，而采用简单明了的公差带图表示，如图 3.3(b)所示。

公差带图由两部分组成：零线和尺寸公差带。

1) 零线

在尺寸公差带图中，用以确定偏差的一条基准直线，即零偏差线(简称零线)。通常零线表示基本尺寸的位置。零线上方表示正偏差，零线下方表示负偏差。绘制公差带图时，在零线左端注上相应的符号，如"+"、"0"、"−"，其左下方画上带箭头的尺寸线并注上基本尺寸值。

2) 尺寸公差带

在尺寸公差带图中，由代表上、下偏差的两条直线所限定的区域称为尺寸公差带。用图所表示的公差带，称为公差带图，如图 3.3(b)所示。通常孔公差带用斜线表示，轴公差带用黑点或空白表示。公差带在垂直零线方向的宽度代表公差值的大小，平行于零线的上、下两条直线分别表示上、下偏差；公差带沿零线方向的长度可适当选取。尺寸公差带图中，尺寸单位为毫米(mm)，偏差及公差单位也可用微米(μm)表示，单位可省略不写。

例 3-1 已知孔、轴基本尺寸为$\phi 25$mm，$D_{max} = \phi 25.019$ mm，$D_{max} = \phi 25.000$mm，$d_{max} = \phi 24.970$mm，$d_{max} = \phi 24.953$mm，求孔与轴的极限偏差和公差,并画出尺寸公差带图。

解：根据式(3-2)～式(3-5)可知以下数据。

孔的极限偏差：

$$ES = D_{max} - D = (25.019 - 25.000)\text{mm} = +0.019 \text{ mm}$$
$$EI = D_{max} - D = (25 - 25)\text{mm} = 0\text{mm}$$

轴的极限偏差：

$$es = d_{max} - d = (24.970 - 25)\text{mm} = -0.030 \text{ mm}$$
$$ei = d_{max} - d = (24.953 - 25)\text{mm} = -0.047 \text{ mm}$$

孔的公差：

$$T_h = | D_{max} - D_{min} | = | 25.019 - 25 | \text{mm} = 0.019 \text{ mm}$$

或

$$T_h = | ES - EI | = | (+0.019) - 0 | \text{mm} = 0.019 \text{ mm}$$

轴的公差：

$$T_s = | d_{max} - d_{min} | = | 24.970 - 24.953 | \text{mm} = 0.017 \text{ mm}$$

或

$$T_s = | es - ei | = | (-0.030) - (-0.047) | \text{mm} = 0.017 \text{ mm}$$

尺寸公差带图如图 3.4 所示。

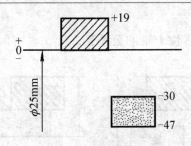

图 3.4　尺寸公差带图示意

3.1.3　有关配合的术语及定义

1．配合

配合是指基本尺寸相同的，相互结合的孔和轴公差带之间的关系。

由定义可知，形成配合要有两个基本条件：一是孔和轴的基本尺寸相同，二是必须有孔和轴的结合。由于配合是按照同一图样加工的一批孔和按照同一图样加工的一批轴的装配关系，而不是指一个具体的孔和一个具体的轴的配合关系，所以用公差带关系来反映配合才是比较准确的。

2．孔与轴

孔是指圆柱形内表面，也包括其他内表面中由单一尺寸确定的部分。

轴是指圆柱形外表面，也包括其他外表面中由单一尺寸确定的部分。

孔与轴的举例如圆柱体的直径、键与键槽的宽度等。由单一尺寸 A 所形成的内、外表面，如图 3.5 所示。

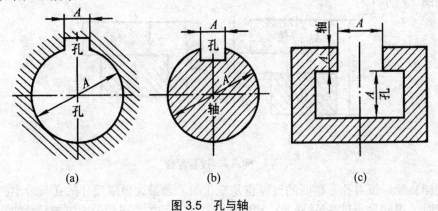

图 3.5　孔与轴

3．间隙或过盈

在孔与轴的配合中，孔的尺寸减去轴的尺寸所得的代数差为正值时叫作间隙，为负值时叫作过盈，间隙用 X、过盈用 Y 表示。

4．配合的种类

根据孔、轴公差带之间的关系，配合分为间隙配合、过盈配合和过渡配合三大类。

1) 间隙配合

间隙配合是指孔的公差带位于轴的公差带之上，具有间隙(包括最小间隙为零)的配合，如图3.6所示。

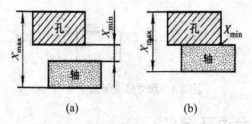

图3.6　间隙配合

由于孔和轴的实际尺寸在各自的公差带内变动，因此装配后每对孔、轴间的间隙(松紧程度)也是变化的。当最大极限尺寸的孔与最小极限尺寸的轴配合时，得到最大间隙(最松的)，用 $X_{\max}$ 表示；反之，得到最小间隙(最紧的)，用 $X_{\min}$ 表示。最大间隙和最小间隙统称为极限间隙，即

$$X_{\max} = D_{\max} - d_{\min} = \text{ES} - \text{ei} \tag{3-6}$$

$$X_{\min} = D_{\min} - d_{\max} = \text{EI} - \text{es} \tag{3-7}$$

间隙配合的平均松紧程度称为平均间隙，用 X_{av} 表示。它是最大间隙与最小间隙的平均值，即

$$X_{\text{av}} = (X_{\max} + X_{\min})/2 \tag{3-8}$$

2) 过盈配合

过盈配合是指孔的公差带位于轴的公差带之下，具有过盈(包括最小过盈为零)的配合，如图3.7所示。

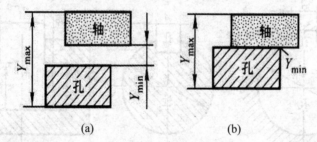

图3.7　过盈配合

同样装配后每对孔、轴间的过盈也是变化的。当最大极限尺寸的孔与最小极限尺寸的轴配合时，得到最小过盈(最松的)，用 $Y_{\min}$ 表示；反之，得到最大过盈(最紧的)，用 $Y_{\max}$ 表示。最大过盈和最过盈小统称为极限过盈，即

$$Y_{\min} = D_{\max} - d_{\min} = \text{ES} - \text{ei} \tag{3-9}$$

$$Y_{\max} = D_{\min} - d_{\max} = \text{EI} - \text{es} \tag{3-10}$$

过盈配合的平均松紧程度称为平均过盈，用 Y_{av} 表示。它是最大间隙与最小间隙的平均值，即

$$Y_{\text{av}} = (Y_{\min} + Y_{\max})/2 \tag{3-11}$$

3) 过渡配合

过渡配合是指孔的公差带与轴的公差带相互交叠，可能具有间隙或过盈的配合，如图 3.8 所示。它是介于间隙配合与过盈配合之间的一类配合，但其间隙或过盈都不大。

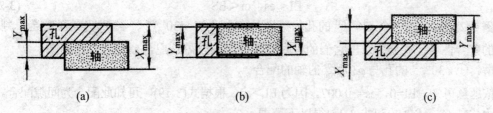

图 3.8　过渡配合

过渡配合中，每对孔、轴间的间隙或过盈也是变化的。当最大极限尺寸的孔与最小极限尺寸的轴配合时，得到最大间隙(最松的)，用 X_{max} 表示；反之，得到最大过盈(最紧的)，用 Y_{max} 表示，即

$$X_{max} = D_{max} - d_{min} = ES - ei \tag{3-12}$$

$$Y_{max} = D_{min} - d_{max} = EI - es \tag{3-13}$$

在过渡配合中，平均间隙或平均过盈为最大间隙与最大过盈的平均值，所得值为正，则为平均间隙；所得值为负，则为平均过盈：

$$X_{av}(或 Y_{av}) = (X_{max} + Y_{max})/2 \tag{3-14}$$

5. 配合公差

配合公差是指允许间隙或过盈的变动量，用 T_f 表示。配合公差反映装配后的配合精度，是评定配合质量的一个重要综合指标。其计算公式如下。

间隙配合：

$$T_f = |X_{max} - X_{min}| \tag{3-15}$$

过盈配合：

$$T_f = |Y_{min} - Y_{max}| \tag{3-16}$$

过渡配合：

$$T_f = |X_{max} - Y_{min}| \tag{3-17}$$

将式(3-6)～式(3-10)分别代入式(3-15)～式(3-17)中，则三类配合的配合公差公式都为

$$T_f = T_h + T_s \tag{3-18}$$

式(3-18)说明配合精度(配合公差)取决于相互配合的孔和轴的尺寸精度(尺寸公差)。在设计时，可根据配合公差来确定孔和轴的尺寸公差。

6. 配合性质的判断

正确判断配合性质，不仅有利于配合参数的计算，也是工程技术人员必须具备的知识。

间隙配合：

$$EI \geqslant es \tag{3-19}$$

过盈配合：

$$\text{ei} \geqslant \text{ES} \tag{3-20}$$

过渡配合：

$$\text{EI} < \text{es}, \quad \text{ei} < \text{ES} \tag{3-21}$$

例 3-2　如果用一个 $\phi 30^{+0.021}_{0}$ 的孔，分别与 $\phi 30^{-0.007}_{-0.020}$、$\phi 30^{+0.048}_{+0.035}$、$\phi 30^{+0.028}_{+0.015}$ 的轴配合，判断它们的配合性质，并分别求出它们的极限间隙或极限过盈、配合公差。

解：① $\phi 30^{+0.021}_{0}$ 的孔与 $\phi 30^{-0.007}_{-0.020}$ 的轴的配合。

依题意可知，EI=0，es=−0.007。因为 EI＞es，根据式(3-19)，可知此配合为间隙配合。

由式(3-6)、式(3-7)和式(3-15)得以下数据。

最大间隙：

$$X_{\max} = \text{ES} - \text{ei} = +0.021 - (-0.020)\text{mm} = +0.041\text{mm}$$

最小间隙：

$$X_{\max} = \text{ES} - \text{ei} = 0 - (-0.007)\text{mm} = +0.007\text{mm}$$

配合公差：

$$T_{\text{f}} = |X_{\max} - X_{\min}| = |+0.041 - (+0.007)|\text{mm} = 0.034\text{mm}$$

② $\phi 30^{+0.021}_{0}$ 的孔与 $\phi 30^{+0.048}_{+0.035}$ 的轴的配合。

依题意可知，ES=+0.021，ei=+0.035。因为 ei＞ES，根据式(3-20)，可知此配合为过盈配合。

由式(3-9)、式(3-10)和式(3-16)得以下数据。

最小过盈：

$$Y_{\min} = \text{ES} - \text{ei} = +0.021 - (+0.035)\text{mm} = -0.014\text{mm}$$

最大过盈：

$$Y_{\max} = \text{EI} - \text{es} = 0 - (+0.048)\text{mm} = -0.048\text{mm}$$

配合公差：

$$T_{\text{f}} = |Y_{\min} - Y_{\max}| = |(-0.014) - (-0.048)|\text{mm} = 0.034\text{mm}$$

③ $\phi 30^{+0.021}_{0}$ 的孔与 $\phi 30^{+0.028}_{+0.015}$ 的轴的配合。

依题意可知：ES=+0.021，EI=0，es=+0.028，ei=+0.015。因为 EI＜es、ei＜ES，根据式(3-21)，可知此配合为过渡配合。

由式(3-12)、式(3-13)和式(3-17)得以下数据。

最大间隙：

$$X_{\max} = \text{ES} - \text{ei} = +0.021 - (+0.015)\text{mm} = +0.006\text{mm}$$

最大过盈：

$$Y_{\max} = \text{EI} - \text{es} = 0 - (+0.028)\text{mm} = -0.028\text{mm}$$

配合公差：

$$T_{\text{f}} = |X_{\max} - Y_{\max}| = |+0.006 - (-0.028)|\text{mm} = 0.034\text{mm}$$

7．基准制

从三类配合的公差带图可知，通过改变孔、轴公差带的相对位置可以实现各种不同性质的配合。为了设计和制造上的方便，以两个相配合的零件中的一个为基准件，并选定公差带，而改变另一个零件(非基准件)的公差带位置，从而形成各种配合的一种制度，这种配合制度称为基准制。

国家标准中规定了两种等效的基准制：基孔制和基轴制。

1) 基孔制

基孔制是指基本偏差为一定的孔的公差带与不同基本偏差的轴的公差带形成各种配合的一种制度，如图 3.9(a)所示。

国家标准规定，基孔制中的孔称为基准孔，用基本偏差(H)表示，它是配合的基准件，而轴为非基准件。基准孔以下偏差为基本偏差，且 EI =0，它的公差带位于零线上方。

2) 基轴制

基轴制是指基本偏差为一定的轴的公差带与不同基本偏差的孔的公差带形成各种配合的一种制度，如图 3.9(b)所示。

国家标准规定，基轴制中的轴称为基准轴，用基本偏差(h)表示，它是配合的基准件，而孔为非基准件。基准轴以上偏差为基本偏差，且 es =0，它的公差带位于零线下方。

由图 3.9 可知，孔、轴公差带相对位置不同，两种基准制都可以形成间隙、过盈和过渡三种不同的配合性质。图中水平直线代表孔和轴的基本偏差，而虚线代表另一极限偏差，表示公差带的大小是可以变化的，与它们的公差等级有关。

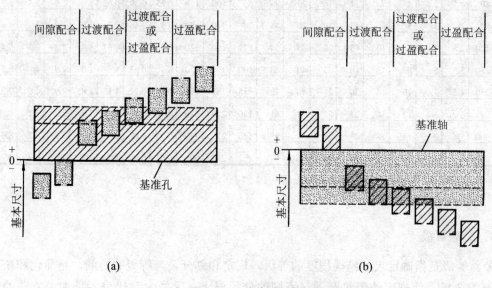

图 3.9　基孔制和基轴制

3.2　公差与配合国家标准

综上所述，各种配合都是由孔、轴公差带组合形成的，而孔、轴公差带是由它的大小和位置决定的，标准公差决定公差带的大小，基本偏差决定公差带的位置。为了使公差与配合实现标准化，国家标准 GB/T 1800.1—2009《产品几何技术规范(GPS)　极限与配合　第 1 部分：公差、偏差和配合的基础》中规定了两个基本系列，即标准公差系列和基本偏差系列。

在机械制造业中，常用尺寸是指公称尺寸不大于 500mm 的尺寸，该尺寸段在生产实践中应用最为广泛。本节只对该尺寸段进行介绍。

3.2.1　标准公差系列

标准公差系列是国家标准制定出的一系列标准公差数值，如表 3.1 所示。

表 3.1　标准公差数值(摘自 GB/T 1800.13—2009)

公称尺寸 /mm		标准公差等级																	
大于	至	IT1	IT2	IT3	IT4	IT5	IT6	IT7	IT8	IT9	IT10	IT11	IT12	IT13	IT14	IT15	IT16	IT17	IT18
		μm											mm						
—	3	0.8	1.2	2	3	4	6	10	14	25	40	60	0.1	0.14	0.25	0.4	0.6	1	1.4
3	6	1	1.5	2.5	4	5	8	12	18	30	48	75	0.12	0.18	0.3	0.48	0.75	1.2	1.8
6	10	1	1.5	2.5	4	6	9	15	22	36	58	90	0.15	0.22	0.36	0.58	0.9	1.5	2.2
10	18	1.2	2	3	5	8	11	18	27	43	70	110	0.18	0.27	0.43	0.7	1.1	1.8	2.7
18	30	1.5	2.5	4	6	9	13	21	33	52	84	130	0.21	0.33	0.52	0.84	1.3	2.1	3.3
30	50	1.5	2.5	4	7	11	16	25	39	62	100	160	0.25	0.39	0.62	1	1.6	2.5	3.9
50	80	2	3	5	8	13	19	30	46	74	120	190	0.3	0.46	0.74	1.2	1.9	3	4.6
80	120	2.5	4	6	10	15	22	35	54	87	140	220	0.35	0.54	0.87	1.4	2.2	3.5	5.4
120	180	3.5	5	8	12	18	25	40	63	100	160	250	0.4	0.63	1	1.6	2.5	4	6.3
180	250	4.5	7	10	14	20	29	46	72	115	185	290	0.46	0.72	1.15	1.85	2.9	4.6	7.2
250	315	6	8	12	16	23	32	52	81	130	210	320	0.52	0.81	1.3	2.1	3.2	5.2	8.1
315	400	7	9	13	18	25	36	57	89	140	230	360	0.57	0.89	1.4	2.3	3.6	5.7	8.9
400	500	8	10	15	20	27	40	63	97	155	250	400	0.63	0.97	1.55	2.5	4	6.3	9.7

注：① 基本尺寸小于 1mm 时，无 IT4～IT8。

② $D_n < D \leqslant D_{n+1}$。

1. 公差等级

公差等级是指确定尺寸精确程度的等级。规定和划分公差等级的目的，是简化和统一对公差的要求，使规定的等级既满足不同的使用要求，又能大致代表各种加工方法的精度，从而既有利于设计，又有利于制造。标准公差代号用符号 IT 和公差等级数字表示，如 IT7。

标准公差分为 20 个等级，分别为 IT01、IT0 、IT1、IT2、… 、IT18，其中 IT01 等级最高，IT18 等级最低，其相应的标准公差值在基本尺寸相同的条件下，随公差等级的降低而依次增大。其计算公式如表 3.2 所示。

表 3.2　标准公差的计算公式

公差等级	公　式	公差等级	公　式	公差等级	公　式
IT01	$0.3 + 0.008D$	IT6	$10i$	IT13	$250i$
IT0	$0.5 + 0.012D$	IT7	$16i$	IT14	$400i$
IT1	$0.8 + 0.020D$	IT8	$25i$	IT15	$640i$
IT2	$(IT1)(IT5/IT1)^{1/4}$	IT9	$40i$	IT16	$1000i$
IT3	$(IT1)(IT5/IT1)^{2/4}$	IT10	$64i$	IT17	$1600i$
IT4	$(IT1)(IT5/IT1)^{3/4}$	IT11	$100i$	IT18	$2500i$
IT5	$7i$	IT12	$160i$		

表 3.2 中，IT01、IT0 、IT1 三个等级，主要是考虑测量误差的影响，所以标准公差与基本尺寸呈线性关系。

IT2～IT4 是在 IT1 与 IT5 之间插入三级，使 IT1、 IT2 、IT3、 IT4、 IT5 成一等比数列，其公比为 $q = (IT5/IT1)^{1/4}$。

IT5～IT18 级的标准公差计算公式如下：

$$IT = ai \tag{3-22}$$

式中：a——公差等级系数，除了 IT5 的公差等级系数 $a = 7$ 以外，从 IT6 开始，公差等级系数采用 R5 优先数系，即公比 $q = \sqrt[5]{10} \approx 1.6$ 的等比数列。每隔 5 级，公差数值增加 10 倍；

　　　　i——公差单位，它与零件尺寸有一定的函数关系(μm)。

2. 公差单位

公差单位是计算标准公差的基本单位，也是制定标准公差数值表的基础。计算公式如下：

$$i = 0.45\sqrt[3]{D} - 0.001D \tag{3-23}$$

式中：D——基本尺寸分段的计算尺寸(mm)。

式(3-23)右边第一项反映的是加工误差的影响，它与基本尺寸之间呈立方抛物线关系；第二项反映的是测量误差的影响，尤其是温度变化引起的测量误差，它与基本尺寸呈线性关系。

3. 基本尺寸分段

根据表 3.2 所列的标准公差计算公式可知，有一个基本尺寸就有一个相应的公差值。由于生产实践中的基本尺寸繁多，这样就会形成一个庞大的公差数值表，给生产、设计带来很多不便。为了简化表格和便于应用，国家标准对基本尺寸进行了分段。尺寸分段后，同一尺寸段内所有的基本尺寸，在公差等级相同的情况下，标准公差值相同。

基本尺寸分段如表 3.1 所示。国家标准将常用尺寸(≤500mm)分成 13 个尺寸段，叫作主段落；又将主段落中的一段分成 2～3 个中间段落。在公差表格中，一般使用主段落。而在基本偏差表格中，对过盈或间隙较敏感的一些配合才使用中间段落。

在标准公差及后面的基本偏差的计算公式中，基本尺寸(D)一律以所属尺寸分段内的首尾两个尺寸(D_n、D_{n+1})的几何平均值进行计算，即

$$D = \sqrt{D_n D_{n+1}} \tag{3-24}$$

这样，在一个尺寸段内有一个公差数值，极大地简化了公差表格(尺寸≤3mm 的尺寸段，$D=\sqrt{1\times 3}$)。

4．标准公差数值

在基本尺寸和公差等级已定的情况下，按表 3.2 的标准公差计算公式计算出对应的标准公差数值，再经尾数圆整，最后编制出标准公差数值表。实际应用中，标准公差数值可直接查表 3.1，不必另行计算。

3.2.2 基本偏差系列

设置基本偏差是为了将公差带相对于零线的位置标准化，以满足各种不同配合性质的需要。

1．基本偏差代号及其特点

国家标准对孔和轴分别规定了 28 种基本偏差，其代号用拉丁字母表示，大写表示孔，小写表示轴。这 28 种基本偏差代号反映了 28 种公差带的位置，构成了基本偏差系列，如图 3.10 所示。

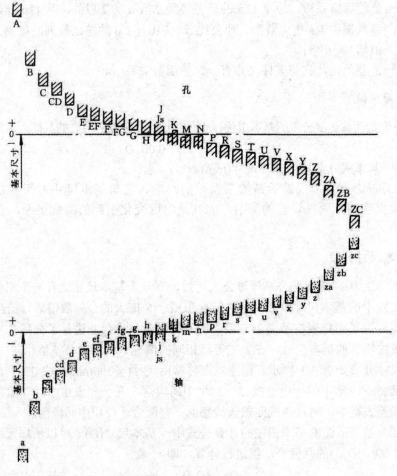

图 3.10 基本偏差系列

图 3.10 中仅给出了公差带的一个极限偏差，而另一个极限偏差并未给出，它将取决于公差带的标准公差等级。

由图 3.10 可知，这些基本偏差的主要特点如下。

(1) 孔的基本偏差中，A～G 的基本偏差是 EI，为正值；H 的基本偏差 EI=0，是基准孔；J～ZC 的基本偏差是 ES，为负值(J 和 K 除外)；JS 的基本偏差是 ES =+IT/2 或 EI = -IT/2。

(2) 轴的基本偏差中，a～g 的基本偏差是 es，为负值；h 的基本偏差 es = 0，是基准轴；j～zc 的基本偏差是 ei，为正值(j 除外)；js 的基本偏差是 es =+IT/2 或 ei = -IT/2。

(3) 基本偏差是公差带位置标准化的唯一参数，除 JS、js、J、j、K、k、M 和 N 以外，原则上基本偏差与公差等级无关。

2. 轴的基本偏差数值

轴的基本偏差数值是以基准孔为基础，根据各种配合的要求，经过理论计算、实验和统计分析得到的，如表 3.3 所示。

表 3.3　基本尺寸≤500mm 的轴的基本偏差计算公式　　　　单位：μm

代　号	适用范围	基本偏差为上偏差(es)	代　号	适用范围	基本偏差为下偏差(ei)
a	$D \leqslant 120$mm	$-(265+1.3D)$	j	IT5～IT8	经验数据
a	$D > 120$mm	$-3.5D$	k	≤IT3 或≥IT8	0
b	$D \leqslant 160$mm	$-(140+0.85D)$	k	IT4～IT7	$+0.6\sqrt[3]{D}$
b	$D > 160$mm	$1.8D$	m	$+(IT6～I7)$
c	$D \leqslant 40$mm	$-52D^{0.2}$	n		$+5D^{0.34}$
c	$D > 40$mm	$-(95+0.8D)$	p		$+IT7+(0～5)$
cd		$-\sqrt{cd}$	r		$+\sqrt{ps}$
d		$-16D^{0.44}$	s	$D \leqslant 50$mm	$+IT8+(1～4)$
e		$-11D^{0.41}$	s	$D > 50$mm	$+IT7+0.4D$
ef		$-\sqrt{ef}$	t		$+IT7+0.63D$
f		$-5.5D^{0.41}$	u		$+IT7+D$
fg		$-\sqrt{fg}$	v		$+IT7+1.25D$
g		$-2.5D^{0.34}$	x		$+IT7+1.6D$
h		0	y		$+IT7+2D$
			z		$+IT7+2.5D$
			za		$+IT8+3.15D$
			zb		$+IT9+4D$
			zc		$+IT10+5D$
$js = \pm \dfrac{IT}{2}$					

由图 3.10 和表 3.3 可知,a~h 的轴与基准孔(H)形成间隙配合,基本偏差为上偏差,其绝对值正好等于最小间隙的绝对值。其中,a、b、c 用于大间隙或热动配合,故最小间隙采用与直径成正比的关系计算;d、e、f 主要用于一般润滑条件的旋转运动,为了保证良好的液体摩擦,最小间隙与直径成平方根关系,但考虑到表面粗糙度的影响,间隙应适当减小;g 主要用于滑动、定位或半液体摩擦的场合,所以间隙更小;cd、ef 和 fg 适用于尺寸较小的旋转运动,数值分别按 c 与 d、e 与 f 和 f 与 g 的基本偏差的几何平均值确定;h 与 H 形成最小间隙等于零的间隙配合,常用于定位配合。j~n 的轴与基准孔形成过渡配合,基本偏差为下偏差,为保证配合时有较好的对中及定心,装拆也不困难,其数值基本上是根据经验与统计的方法确定的。p~zc 的轴与基准孔形成过盈配合,基本偏差为下偏差,数值大小按与一定等级的孔相配合所要求的最小过盈而定,大多数是按它们与最常用的基准孔 H7 相配合为基础来考虑的。

轴的基本偏差数值是将尺寸分段的几何平均值代入表 3.3 中计算后,再经尾数圆整,最后编制出轴的基本偏差数值表。实际应用中,轴的基本偏差数值可直接查表 3.4,不必另行计算。

当轴的基本偏差确定后,另一个极限偏差可根据轴的基本偏差和标准公差公式按下列关系式计算:

$$ei = es-IT \tag{3-25}$$
$$es = ei+IT \tag{3-26}$$

例 3-3　试查表确定轴ϕ35p8 的基本偏差和另一极限偏差。

解:①查表确定轴的标准公差。基本尺寸ϕ35 属于 30~50mm 尺寸段,查表 3.1 得:IT8 = 39μm。

② 查表确定轴的基本偏差。查表 3.4 得 p 的基本偏差 ei =+26μm。

③ 确定轴的另一极限偏差。根据式(3-23) 得,轴的另一极限偏差 es = ei+IT8 =(+26+39)μm =+64μm。

例 3-4　试查表确定轴ϕ30g6 的基本偏差和另一极限偏差。

解:① 查表确定轴的标准公差。基本尺寸ϕ30 属于 18~30mm 尺寸段,查表 3.1 得 IT6 = 13μm。

② 查表确定轴的基本偏差。查表 3.4 得,g 的基本偏差 es =-7μm。

③ 确定轴的另一极限偏差。根据式(3-25) 得,轴的另一极限偏差 ei = es-IT6 =(-7-13)μm =-20μm。

3．孔的基本偏差数值

孔的基本偏差数值是以基准轴为基础,由轴的基本偏差换算得到的,如表 3.5 所示。换算的原则是:基本偏差字母代号同名的孔和轴,分别组成的基轴制与基孔制的配合,在相应公差等级的条件下,其配合的性质必须相同,即具有相同的极限间隙或极限过盈,如H10/g10 与 G10/h10、H7/r6 与 R7/h6。

表 3.4　尺寸≤500mm 的轴的基本偏差数值　　　　　　　　　　单位：μm

基本尺寸(mm)	上偏差(es) 所有公差等级												基本偏差 下偏差(ei)																		
	a	b	c	cd	d	e	ef	f	fg	g	h	js	j(5~6)	j(7)	j(8)	k(4~7)	k(≤3,>7)	m	n	p	r	s	t	u	v	x	y	z	za	zb	zc
≤3	-270	-140	-60	-34	-20	-14	-10	-6	-4	-2	0	±IT/2	-2	-4	-6	0	0	+2	+4	+6	+10	+14	—	+18	—	+20	—	+26	+32	+40	+60
>3~6	-270	-140	-70	-46	-30	-20	-14	-10	-6	-4	0	±IT/2	-2	-6	—	+1	0	+4	+8	+12	+15	+19	—	+23	—	+28	—	+35	+42	+50	+80
>6~10	-280	-150	-80	-56	-40	-25	-18	-13	-8	-5	0	±IT/2	-2	-8	—	+1	0	+6	+10	+15	+19	+23	—	+28	—	+34	—	+42	+52	+67	+97
>10~14	-290	-150	-95	—	-50	-32	—	-16	—	-6	0	±IT/2	-3	-10	—	+1	0	+7	+12	+18	+23	+28	—	+33	—	+40	—	+50	+64	+90	+130
>14~18	-290	-150	-95	—	-50	-32	—	-16	—	-6	0	±IT/2	-3	-10	—	+1	0	+7	+12	+18	+23	+28	—	+33	+39	+45	—	+60	+77	+108	+150
>18~24	-300	-160	-110	—	-65	-40	—	-20	—	-7	0	±IT/2	-4	-12	—	+2	0	+8	+15	+22	+28	+35	—	+41	+47	+54	+63	+73	+98	+136	+188
>24~30	-300	-160	-110	—	-65	-40	—	-20	—	-7	0	±IT/2	-4	-12	—	+2	0	+8	+15	+22	+28	+35	+41	+48	+55	+64	+75	+88	+118	+160	+218
>30~40	-310	-170	-120	—	-80	-50	—	-25	—	-9	0	±IT/2	-5	-14	—	+2	0	+9	+17	+26	+34	+43	+48	+60	+68	+80	+94	+112	+148	+200	+274
>40~50	-320	-180	-130	—	-80	-50	—	-25	—	-9	0	±IT/2	-5	-14	—	+2	0	+9	+17	+26	+34	+43	+54	+70	+81	+95	+114	+136	+180	+242	+325
>50~65	-340	-190	-140	—	-100	-60	—	-30	—	-10	0	±IT/2	-7	-18	—	+2	0	+11	+20	+32	+41	+53	+66	+87	+102	+122	+144	+172	+226	+300	+405
>65~80	-360	-200	-150	—	-100	-60	—	-30	—	-10	0	±IT/2	-7	-18	—	+2	0	+11	+20	+32	+43	+59	+75	+102	+120	+146	+174	+210	+274	+360	+480
>80~100	-380	-220	-170	—	-120	-72	—	-36	—	-12	0	±IT/2	-9	-22	—	+3	0	+13	+23	+37	+51	+71	+91	+124	+146	+178	+214	+258	+335	+445	+585
>100~120	-410	-240	-180	—	-120	-72	—	-36	—	-12	0	±IT/2	-9	-22	—	+3	0	+13	+23	+37	+54	+79	+104	+144	+172	+210	+254	+310	+400	+525	+690
>120~140	-460	-260	-200	—	-145	-85	—	-43	—	-14	0	±IT/2	-11	-26	—	+3	0	+15	+27	+43	+63	+92	+122	+170	+202	+248	+300	+365	+470	+620	+800
>140~160	-520	-280	-210	—	-145	-85	—	-43	—	-14	0	±IT/2	-11	-26	—	+3	0	+15	+27	+43	+65	+100	+134	+190	+228	+280	+340	+415	+535	+700	+900
>160~180	-580	-310	-230	—	-145	-85	—	-43	—	-14	0	±IT/2	-11	-26	—	+3	0	+15	+27	+43	+68	+108	+146	+210	+252	+310	+380	+465	+600	+780	+1000
>180~200	-660	-340	-240	—	-170	-100	—	-50	—	-15	0	±IT/2	-13	-30	—	+4	0	+17	+31	+50	+77	+122	+166	+236	+284	+350	+425	+520	+670	+880	+1150
>200~225	-740	-380	-260	—	-170	-100	—	-50	—	-15	0	±IT/2	-13	-30	—	+4	0	+17	+31	+50	+80	+130	+180	+258	+310	+385	+470	+575	+740	+960	+1250
>225~250	-820	-420	-280	—	-170	-100	—	-50	—	-15	0	±IT/2	-13	-30	—	+4	0	+17	+31	+50	+84	+140	+196	+284	+340	+425	+520	+640	+820	+1050	+1350
>250~280	-920	-480	-300	—	-190	-110	—	-56	—	-17	0	±IT/2	-16	-36	—	+4	0	+20	+34	+56	+94	+158	+218	+315	+385	+475	+580	+710	+920	+1200	+1550
>280~315	-1050	-540	-330	—	-190	-110	—	-56	—	-17	0	±IT/2	-16	-36	—	+4	0	+20	+34	+56	+98	+170	+240	+350	+425	+525	+650	+790	+1000	+1300	+1700
>315~355	-1200	-600	-360	—	-210	-125	—	-62	—	-18	0	±IT/2	-18	-39	—	+4	0	+21	+37	+62	+108	+190	+268	+390	+475	+590	+730	+900	+1150	+1500	+1900
>355~400	-1350	-680	-400	—	-210	-125	—	-62	—	-18	0	±IT/2	-18	-39	—	+4	0	+21	+37	+62	+114	+208	+294	+435	+530	+660	+820	+1000	+1300	+1650	+2100
>400~450	-1500	-760	-440	—	-230	-135	—	-68	—	-20	0	±IT/2	-20	-43	—	+5	0	+23	+40	+68	+126	+232	+330	+490	+595	+740	+920	+1100	+1450	+1850	+2400
>450~500	-1650	-840	-480	—	-230	-135	—	-68	—	-20	0	±IT/2	-20	-43	—	+5	0	+23	+40	+68	+132	+252	+360	+540	+660	+820	+1000	+1250	+1600	+2100	+2600

注：
① 基本尺寸<1mm 时，各级的 a 和 b 均不采用；
② js 的数值：对 IT7~IT11，若 IT 的数值是奇数，则 $js = \pm \frac{IT-1}{2}$。

表 3.5 尺寸≤500mm 的孔的基本偏差数值

基本尺寸 (mm)	下偏差(EI) A	B	C	CD	D	E	EF	F	FG	G	H	JS	J 6	J 7	J 8	K ≤8	K >8	M ≤8	M >8	N ≤8	N >8	P~ZC ≤7	上偏差(ES) P	R	S	T	U	V	X	Y	Z	ZA	ZB	ZC	Δ/μm 3	4	5	6	7	8
≤3	+270	+140	+60	+34	+20	+14	+10	+6	+4	+2	0		+2	+4	+6	0	0	-2	-2	-4	-4	在>7级的相应数值上增加一个Δ值	-6	-10	-14	—	-18	—	-20	—	-26	-32	-40	-60	0	0	0	0	0	0
>3~6	+270	+140	+70	+46	+30	+20	+14	+10	+6	+4	0		+5	+6	+10	-1+Δ	0	-4+Δ	-4	-8+Δ	0		-12	-15	-19	—	-23	—	-28	—	-35	-42	-50	-80	1	1.5	1	3	4	6
>6~10	+280	+150	+80	+56	+40	+25	+18	+13	+8	+5	0		+5	+8	+12	-1+Δ	0	-6+Δ	-6	-10+Δ	0		-15	-19	-23	—	-28	—	-34	—	-42	-52	-67	-97	1	1.5	2	3	6	7
>10~14	+290	+150	+95	—	+50	+32	—	+16	—	+6	0		+6	+10	+15	-1+Δ	0	-7+Δ	-7	-12+Δ	0		-18	-23	-28	—	-33	—	-40	—	-50	-64	-90	-130	1	2	3	3	7	9
>14~18	+290	+150	+95	—	+50	+32	—	+16	—	+6	0	偏差等于±IT/2	+6	+10	+15	-1+Δ	0	-7+Δ	-7	-12+Δ	0		-18	-23	-28	—	-33	-39	-45	—	-60	-77	-108	-150	1	2	3	3	7	9
>18~24	+300	+160	+110	—	+65	+40	—	+20	—	+7	0		+8	+12	+20	-2+Δ	0	-8+Δ	-8	-15+Δ	0		-22	-28	-35	—	-41	-47	-54	-63	-73	-98	-136	-188	1.5	2	3	4	8	12
>24~30	+300	+160	+110	—	+65	+40	—	+20	—	+7	0		+8	+12	+20	-2+Δ	0	-8+Δ	-8	-15+Δ	0		-22	-28	-35	-41	-48	-55	-64	-75	-88	-118	-160	-218	1.5	2	3	4	8	12
>30~40	+310	+170	+120		+80	+50		+25		+9	0		+10	+14	+24	-2+Δ	0	-9+Δ	-9	-17+Δ	0		-26	-34	-43	-48	-60	-68	-80	-94	-112	-148	-200	-274	1.5	3	4	5	9	14
>40~50	+320	+180	+130		+80	+50		+25		+9	0		+10	+14	+24	-2+Δ	0	-9+Δ	-9	-17+Δ	0		-26	-34	-43	-54	-70	-81	-95	-114	-136	-180	-242	-325	1.5	3	4	5	9	14
>50~65	+340	+190	+140		+100	+60		+30		+10	0		+13	+18	+28	-2+Δ	0	-11+Δ	-11	-20+Δ	0		-32	-41	-53	-66	-87	-102	-122	-144	-172	-226	-300	-400	2	3	5	6	11	16
>65~80	+360	+200	+150		+100	+60		+30		+10	0		+13	+18	+28	-2+Δ	0	-11+Δ	-11	-20+Δ	0		-32	-43	-59	-75	-102	-120	-146	-174	-210	-274	-360	-490	2	3	5	6	11	16
>80~100	+380	+220	+170		+120	+72		+36		+12	0		+16	+22	+34	-3+Δ	0	-13+Δ	-13	-23+Δ	0		-37	-51	-71	-91	-124	-146	-178	-214	-258	-335	-445	-585	2	4	5	7	13	19
>100~120	+410	+240	+180		+120	+72		+36		+12	0		+16	+22	+34	-3+Δ	0	-13+Δ	-13	-23+Δ	0		-37	-54	-79	-104	-144	-172	-210	-254	-310	-400	-525	-690	2	4	5	7	13	19
>120~140	+460	+260	+200		+145	+85		+43		+14	0		+18	+26	+41	-3+Δ	0	-15+Δ	-15	-27+Δ	0		-43	-63	-92	-122	-170	-202	-248	-300	-365	-470	-620	-800	3	4	6	7	15	23
>140~160	+520	+280	+210		+145	+85		+43		+14	0		+18	+26	+41	-3+Δ	0	-15+Δ	-15	-27+Δ	0		-43	-65	-100	-134	-190	-228	-280	-340	-415	-535	-700	-900	3	4	6	7	15	23
>160~180	+580	+310	+230		+145	+85		+43		+14	0		+18	+26	+41	-3+Δ	0	-15+Δ	-15	-27+Δ	0		-43	-68	-108	-146	-210	-252	-310	-380	-465	-600	-780	-1000	3	4	6	7	15	23
>180~200	+660	+340	+240		+170	+100		+50		+15	0		+22	+30	+47	-4+Δ	0	-17+Δ	-17	-31+Δ	0		-50	-77	-122	-166	-236	-284	-350	-425	-520	-670	-880	-1150	3	4	6	9	17	26
>200~225	+740	+380	+260		+170	+100		+50		+15	0		+22	+30	+47	-4+Δ	0	-17+Δ	-17	-31+Δ	0		-50	-80	-130	-180	-258	-310	-385	-470	-575	-740	-960	-1250	3	4	6	9	17	26
>225~250	+820	+420	+280		+170	+100		+50		+15	0		+22	+30	+47	-4+Δ	0	-17+Δ	-17	-31+Δ	0		-50	-84	-140	-196	-284	-340	-425	-520	-640	-820	-1050	-1350	3	4	6	9	17	26
>250~280	+920	+480	+300		+190	+110		+56		+17	0		+25	+36	+55	-4+Δ	0	-20+Δ	-20	-34+Δ	0		-56	-94	-158	-218	-315	-385	-475	-580	-710	-920	-1200	-1550	4	4	7	9	20	29
>280~315	+1050	+540	+330		+190	+110		+56		+17	0		+25	+36	+55	-4+Δ	0	-20+Δ	-20	-34+Δ	0		-56	-98	-170	-240	-350	-425	-525	-650	-790	-1000	-1300	-1700	4	4	7	9	20	29
>315~355	+1200	+600	+360		+210	+125		+62		+18	0		+29	+39	+60	-4+Δ	0	-21+Δ	-21	-37+Δ	0		-62	-108	-190	-268	-390	-475	-590	-730	-900	-1150	-1500	-1900	4	5	7	11	21	32
>355~400	+1350	+680	+400		+210	+125		+62		+18	0		+29	+39	+60	-4+Δ	0	-21+Δ	-21	-37+Δ	0		-62	-114	-208	-294	-435	-530	-660	-820	-1000	-1300	-1650	-2100	4	5	7	11	21	32
>400~450	+1500	+760	+440		+230	+135		+68		+20	0		+33	+43	+66	-5+Δ	0	-23+Δ	-23	-40+Δ	0		-68	-126	-232	-330	-490	-595	-740	-920	-1100	-1450	-1850	-2400	5	5	7	13	23	34
>450~500	+1650	+840	+480		+230	+135		+68		+20	0		+33	+43	+66	-5+Δ	0	-23+Δ	-23	-40+Δ	0		-68	-132	-252	-360	-540	-660	-820	-1000	-1250	-1600	-2100	-2600	5	5	7	13	23	34

注：① 基本尺寸＜1mm 时，各级的 A 和 B 均不采用。

② JS 的数值：对 IT7～IT11，若 IT 的数值是奇数，则 $JS=\pm\dfrac{IT-1}{2}$。

③ 特殊情况：当基本尺寸＞250～315mm 时，M6 的 ES＝-9μm。

实际生产中，由于孔比轴难以加工，因此国家标准规定，为使孔和轴在工艺上等价，在较高精度等级的配合中，孔比轴的公差等级低一级；在较低精度等级的配合中，孔与轴采用相同的公差等级。

根据上述原则，孔的基本偏差按以下两种规则换算。

(1) 通用规则。同名代号的孔、轴的基本偏差的绝对值相等，而符号相反。即

$$A\sim H, \quad EI = -ei \tag{3-27}$$

$$\left.\begin{array}{l} J\sim N\ (>IT8) \\ \\ P\sim ZC(>IT7) \end{array}\right\} \quad ES = -es \tag{3-28}$$

由图 3.10 可知，孔的基本偏差是轴的基本偏差相对于零线的倒影，如图 3.11 所示。

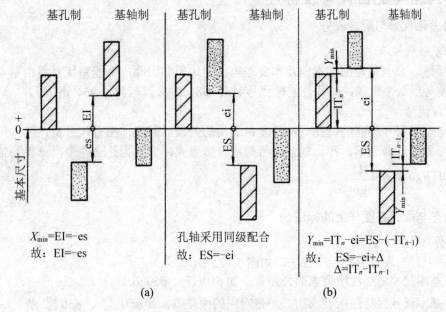

图 3.11 孔的基本偏差换算规则

(2) 特殊规则。同名代号的孔、轴的基本偏差的绝对值相差一个 Δ 值，而符号相反。即

$$J\sim N\ (\leqslant IT8), \quad ES = -es + \Delta \tag{3-29}$$

$$P\sim ZC(\leqslant IT7), \quad \Delta = IT_n - IT_{n-1} = T_D - T_d \tag{3-30}$$

式中：IT_n ——孔的标准公差，公差等级 n 级；

IT_{n-1}——轴的标准公差，公差等级 $n-1$ 级。

按式(3-27)～式(3-30)计算出孔的基本偏差经尾数圆整，编制出孔的基本偏差数值表。同样，实际应用中，孔的基本偏差数值也可直接查表 3.5，不必另行计算。

孔的另一个偏差可根据下列公式计算：

$$ES = EI + IT \tag{3-31}$$

$$EI = ES - IT \tag{3-32}$$

例 3-5 试查表确定孔 $\phi 35P8$、$\phi 35P6$ 的基本偏差和另一极限偏差。

解：①查表确定孔的标准公差。查表 3.1 得，$IT8 = 39\mu m$，$IT6 = 16\mu m$。

② 查表确定孔的基本偏差。查表 3.5 得，$\phi 35P8$ 的基本偏差 $ES = -26\mu m$，$\phi 35P6$ 的基本偏差 $ES = -26 + \Delta = (-26 + 5)\ \mu m = -21\mu m$。

③ 确定孔的另一极限偏差。根据式(3-32)得：ϕ35P8 的另一极限偏差 EI= ES-IT8 =(-26-39) μm =-64μm。ϕ35P8 的另一极限偏差 EI= ES -IT6 =(-21-16) μm =-37μm。

例 3-6 试查表确定孔ϕ30G6、ϕ40M8 的基本偏差和另一极限偏差。

解：①查表确定孔的标准公差。查表 3.1 得，IT6 = 13μm，IT8 = 39μm。

②查表确定孔的基本偏差。查表 3.5 得，ϕ30G6 的基本偏差 EI =+7μm，ϕ40M8 的基本偏差 ES =-9+Δ = (-9+14) μm =+5 μm。

③ 确定孔的另一极限偏差。

根据式(3-31)得，ϕ30G6 的另一极限偏差 ES = EI+IT6=(+7+13)μm =+20μm

根据式(3-32)得，ϕ40M8 的另一极限偏差 EI = ES-IT8 =(+5-39)μm =-34μm

3.2.3　公差与配合代号及标注

1. 公差带代号与配合代号

1) 公差带代号

如前所述，公差带是由基本偏差和公差等级决定的。因此，公差带代号将由基本偏差代号和公差等级数字组成，如孔公差带代号 H7、G8，轴公差带代号 h6、m7 等。

2) 配合代号

配合是基本尺寸相同的、孔与轴公差带之间的关系。因此，配合代号是在基本尺寸后用孔、轴公差带联合表示。孔、轴公差带写成分数形式，分子为孔公差带，分母为轴公差带，如ϕ50H7/g6 或ϕ50$\dfrac{H7}{g6}$。

2. 公差与配合在图样上的标注

1) 零件图上的标注

零件图上，一般有三种标注方法，如图 3.12 所示。

① 在基本尺寸后标注所要求的公差带，如ϕ50H7、ϕ50g6 等。

② 在基本尺寸后标注所要求的公差带对应的偏差值，如ϕ50$^{+0.025}$、ϕ50$^{-0.009}_{-0.025}$ 等。

③ 在基本尺寸后标注所要求的公差带和对应的偏差值，如ϕ50H7$\left(^{+0.025}_{0}\right)$ 等。

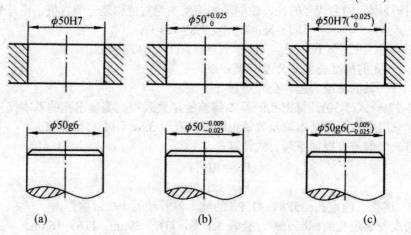

图 3.12　孔、轴公差带图在零件图上的标注

2) 装配图上的标注

装配图上，同样也有三种标注方法，如 $\phi 50 \dfrac{\text{H7}}{\text{g6}}$、$\phi 50 \dfrac{\text{H7}\binom{+0.025}{0}}{\text{g6}\binom{-0.009}{-0.025}}$ 等，如图 3.13 所示。

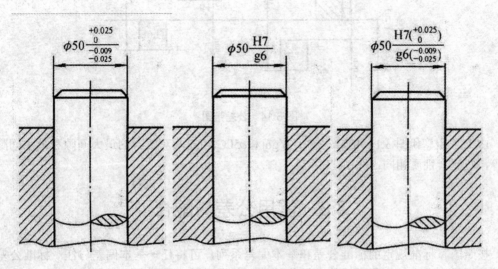

图 3.13　孔、轴公差带在装配图上的标注

例 3-7　试查表确定 $\phi 50\text{H7/g6}$ 和 $\phi 50\text{G7/h6}$ 配合中孔、轴的极限偏差，并计算两对配合的极限间隙和画出公差带图。

解：①查表确定 $\phi 50\text{H7/g6}$ 配合中的孔、轴的极限偏差。查表 3.1 得，IT7 = 25μm，IT6 = 16μm。

对于基准孔 H7，EI = 0，因此，ES = EI+IT7 =(0+25)μm =+25μm。

对于非基准轴 g6，查表 3.4 得 es =−9μm，因此，ei = es−IT6 =(−9−16)μm =−25μm。

由此可得：$\phi 50\text{H7} = \phi 50\,^{+0.025}_{0}$，$\phi 50\text{g6} = \phi 50\,^{-0.009}_{-0.025}$。

② 查表确定 $\phi 50\text{G7/h6}$ 配合中的孔、轴的极限偏差。

对于非基准孔 G7，查表 3.5 得 EI =+9μm，因此，ES = EI+IT7 =(+9+25)μm =+34μm。

对于基准轴 h6，es = 0，因此，ei = es−IT6 =(0−16)μm =−16μm。

由此可得：$\phi 50\ \text{G7} = \phi 50\,^{+0.034}_{+0.009}$，$\phi 50\text{h6} = \phi 50\,^{0}_{-0.016}$

③计算 $\phi 50\text{H7/g6}$ 和 $\phi 50\text{G7/h6}$ 配合的极限间隙。对于 $\phi 50\text{H7/g6}$，由式(3-6)得

$$X_{\max} = \text{ES} - \text{ei} = [+25 - (-25)]\,\mu\text{m} = +50\ \mu\text{m}$$

由式(3-7)得

$$X_{\min} = \text{EI} - \text{es} = [0 - (-9)]\,\mu\text{m} = +9\mu\text{m}$$

对于 $\phi 50\text{G7/h6}$：

$$X_{\max} = \text{ES} - \text{ei} = [+34 - (-16)]\,\mu\text{m} = +50\ \mu\text{m}$$

$$X_{\min} = \text{EI} - \text{es} = (+9 - 0)\mu\text{m} = +9\mu\text{m}$$

④ 用以上计算的极限偏差和极限间隙绘制公差带图，如图 3.14 所示。

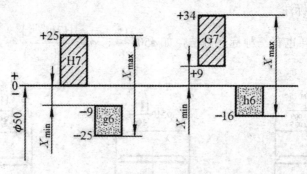

图 3.14　公差带图

　　由上述计算和图 3.14 可知，$\phi50H7/g6$ 和 $\phi50G7/h6$ 两对配合的最大间隙和最小间隙均相等，即配合性质相同。

3.3　常用公差与配合

　　按照国家标准规定的标准公差和基本偏差系列，可将任一基本偏差与任一标准公差组合，从而得到大小与位置不同的大量公差带。在常用尺寸段内内，孔公差带有 20×27+3 = 544 种(J 仅保留 6~8 级)，轴公差带有 20×27+4 = 544 种(j 仅保留 5~8 级)，这些公差带又可组成近 30 万种配合。如果不加以限制，任意选用这些公差与配合，将不利于生产。为了减少零件、定值刀具、量具等工艺装备的品种及规格，国家标准对所选用的公差与配合进行了必要限制。

3.3.1　常用尺寸段孔、轴公差带

　　常用尺寸段内，国家标准对孔、轴规定了一般用途、常用和优先公差带，如图 3.15 和图 3.16 所示。

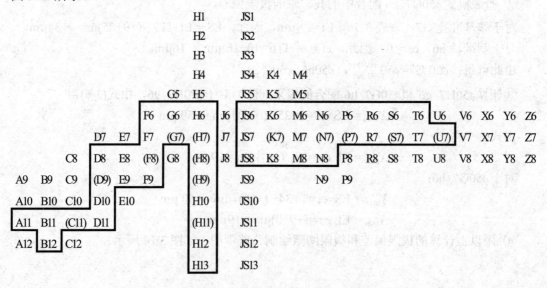

图 3.15　一般、常用和优先孔公差带

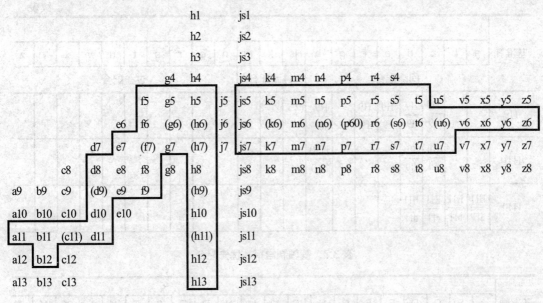

							h1		js1												
							h2		js2												
							h3		js3												
						g4	h4		js4	k4	m4	n4	p4	r4	s4						
					f5	g5	h5	j5	js5	k5	m5	n5	p5	r5	s5	t5	u5	v5	x5	y5	z5
				e6	f6	(g6)	(h6)	j6	js6	(k6)	m6	(n6)	(p60)	r6	(s6)	t6	(u6)	v6	x6	y6	z6
			d7	e7	(f7)	g7	(h7)	j7	js7	k7	m7	n7	p7	r7	s7	t7	u7	v7	x7	y7	z7
		c8	d8	e8	f8	g8	h8		js8	k8	m8	n8	p8	r8	s8	t8	u8	v8	x8	y8	z8
a9	b9	c9	(d9)	e9	f9		(h9)		js9												
a10	b10	c10	d10	e10			h10		js10												
a11	b11	(c11)	d11				(h11)		js11												
a12	b12	c12					h12		js12												
a13	b13	c13					h13		js13												

图 3.16 一般、常用和优先轴公差带

图 3.15 中，列出孔的一般用途公差带 105 种，方框内为常用公差带 44 种，括号内为优先公差带 13 种。

图 3.16 中，列出轴的一般用途公差带 119 种，方框内为常用公差带 59 种，括号内为优先公差带 13 种。

3.3.2 常用尺寸段孔与轴的公差配合

常用尺寸段内，国家标准又规定基孔制常用配合 59 种，优先配合 13 种，如表 3.6 所示；基轴制常用配合 47 种，优先配合 13 种，如表 3.7 所示。

表 3.6 基孔制优先、常用配合

基准孔	轴																				
	a	b	c	d	e	f	g	h	js	k	m	n	p	r	s	t	u	v	x	y	z
	间隙配合								过渡配合					过盈配合							
H6							H6/g5	H6/h5	H6/js5	H6/k5	H6/m5	H6/m5	H6/p5	H6/r5	H6/s5	H6/t5					
H7						H7/f6	H7/g6	H7/h6	H7/js6	H7/k6	H7/m6	H7/n6	H7/p6	H7/r6	H7/s6	H7/t6	H7/u6	H7/v6	H7/x6	H7/y6	H7/z6
H8							H8/g7	H8/h7	H8/js7	H8/k7	H8/m7	H8/n7	H8/p7	H8/r7	H8/s7	H8/t7	H8/u7				
				H8/d8	H8/e8	H8/f8		H8/h8													

续表

基准孔	轴																				
	a	b	c	d	e	f	g	h	js	k	m	n	p	r	s	t	u	v	x	y	z
	间隙配合								过渡配合				过盈配合								
H9			$\dfrac{H9}{c9}$	$\dfrac{H9}{d9}$	$\dfrac{H9}{e9}$	$\dfrac{H9}{f9}$		$\dfrac{H9}{h9}$													
H10			$\dfrac{H10}{c10}$	$\dfrac{H10}{d10}$				$\dfrac{H10}{h10}$													
H11	$\dfrac{H11}{a11}$	$\dfrac{H11}{b11}$	$\dfrac{H11}{c11}$	$\dfrac{H11}{d11}$																	

表 3.7　基轴制常用、优先配合

基准轴	孔																				
	A	B	C	D	E	F	G	H	JS	K	M	N	P	R	S	T	U	V	X	Y	Z
	间隙配合								过渡配合				过盈配合								
h5						$\dfrac{F6}{h5}$	$\dfrac{G6}{h5}$	$\dfrac{H6}{h5}$	$\dfrac{JS6}{h5}$	$\dfrac{K6}{h5}$	$\dfrac{M6}{h5}$	$\dfrac{N6}{h5}$	$\dfrac{P6}{h5}$	$\dfrac{R6}{h5}$	$\dfrac{S6}{h5}$	$\dfrac{T6}{h5}$					
h6						$\dfrac{F7}{h6}$	$\dfrac{G7}{h6}$	$\dfrac{H7}{h6}$	$\dfrac{JS7}{h6}$	$\dfrac{K7}{h6}$	$\dfrac{M7}{h6}$	$\dfrac{N7}{h6}$	$\dfrac{P7}{h6}$	$\dfrac{R7}{h6}$	$\dfrac{S7}{h6}$	$\dfrac{T7}{h6}$	$\dfrac{U7}{h6}$				
h7					$\dfrac{E8}{h7}$	$\dfrac{F8}{h7}$		$\dfrac{H8}{h7}$	$\dfrac{JS8}{h7}$	$\dfrac{K8}{h7}$	$\dfrac{M8}{h7}$	$\dfrac{N8}{h7}$									
h8				$\dfrac{D8}{h8}$	$\dfrac{E8}{h8}$	$\dfrac{F8}{h8}$		$\dfrac{H8}{h8}$													
h9				$\dfrac{D9}{h9}$	$\dfrac{E9}{h9}$	$\dfrac{F9}{h9}$		$\dfrac{H9}{h9}$													
h10				$\dfrac{D10}{h10}$				$\dfrac{H10}{h10}$													
h11	$\dfrac{A11}{h11}$	$\dfrac{B11}{h11}$	$\dfrac{C11}{h11}$	$\dfrac{D11}{h11}$				$\dfrac{H11}{h11}$													
h12		$\dfrac{B12}{h12}$						$\dfrac{H12}{h12}$													

　　选用公差带或配合时，应按优先、常用、一般公差带的顺序选取。若上述标准不能满足某些特殊需要，则国家标准允许采用两种基准制以外的非基准制配合。

3.4　常用尺寸段公差与配合的选用

尺寸公差与配合的选用是机械设计与制造中的一项重要工作，它是在基本尺寸已经确定的情况下进行的尺寸精度设计。它对产品的性能、质量、互换性及经济性有着重要的影响。

尺寸公差与配合的选用包括三方面内容，即选用基准制、公差等级和配合种类。

3.4.1　基准制的选用

选用基准制时，应从结构、工艺及经济性等几方面综合分析考虑。

1．一般优先选用基孔制

优先选用基孔制主要是从功能、结构、工艺条件和宏观经济效益等方面来考虑的。因为选用基孔制可以减少备用定值刀具、量具的规格数目，降低成本，提高加工的经济性。而加工轴的刀具等多不是定值的，所以改变轴的尺寸不会增加刀具和量具等的数目。

2．基轴制的适用情况

(1) 直接使用有一定公差等级(IT8～IT11)而不再进行机械加工的冷拔钢材(这种钢材是按基准轴的公差带制造的)做轴。当需要各种不同的配合时，可选择不同的孔公差带位置来实现。这种情况主要应用在农业机械和纺织机械中。

(2) 加工尺寸＜1mm 的精密轴比加工同级孔要困难，因此在仪器制造、钟表生产、无线电工程中，常使用经过光轧成形的钢丝直接做轴，这时采用基轴制较经济。

(3) 根据结构上的需要，在同一基本尺寸的轴上装配有不同配合要求的几个孔件时应采用基轴制。例如，发动机的活塞销轴与连杆铜套孔和活塞销孔之间的配合如图 3.17(a)所示。根据工作需要及装配性，活塞销轴与活塞孔采用过渡配合，与连杆铜套孔采用间隙配合。若采用基孔制配合，如图 3.17(b)所示，销轴将做成阶梯状。而采用基轴制配合，如图 3.17(c)所示，销轴可做成光轴。这种选择不仅有利于轴的加工，并且能够保证它们在装配中的配合质量。

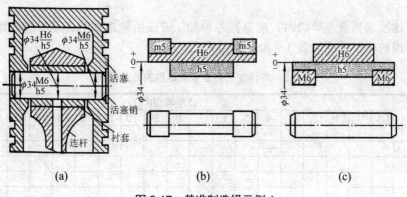

图 3.17　基准制选择示例 1

3．根据标准件选择基准制

若与标准件(零件或部件)配合，应以标准件为基准件来确定采用哪种基准制。例如，与滚动轴承配合时，因滚动轴承是标准件，所以滚动轴承内圈与轴的配合是基孔制，滚动轴承外圈与箱体孔的配合是基轴制，如图 3.18 所示。

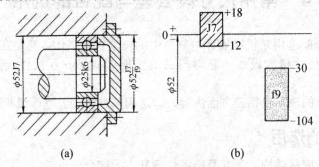

图 3.18　基准制选择示例 2

4．为满足配合的特殊要求，允许选用非基准制的配合

非基准制的配合是指相配合的两零件既无基准孔(H)又无基准轴(h)的配合。当一个孔与几个轴配合或一个轴与几个孔配合，其配合要求各不相同时，则有的配合要出现非基准制的配合，如图 3.18 所示。在箱体孔中装配有滚动轴承和轴承端盖，由于滚动轴承是标准件，它与箱体孔的配合是基轴制配合，箱体孔的公差带代号为 J7，这时如果端盖与箱体孔的配合也要用基轴制，则配合为 J/h，属于过渡配合。但轴承端盖要经常拆卸，显然这种配合过于紧密，而应选用间隙配合为好，端盖公差带不能选用 h，只能选择非基轴制公差带，考虑到端盖的性能要求和加工的经济性，最后选择端盖与箱体孔之间的配合为 J7/f9。

3.4.2　公差等级的选用

合理地选择公差等级，就是为了更好地解决机械零、部件使用要求与制造工艺及成本之间的矛盾。因此，选择公差等级的基本原则是，在满足使用要求的前提下，尽量选取较低的公差等级。

选用公差等级可采用类比法，也就是参考从生产实践中总结出来的经验资料，进行比较选用。

采用类比法选择公差等级时，应掌握各种加工方法所能达到的公差等级，如表 3.8 所示，公差等级的应用范围如表 3.9 和表 3.10 所示。

表 3.8　各种加工方法所能达到的公差等级

加工方法	公差等级(IT)																		
	01	0	1	2	3	4	5	6	7	8	9	10	11	12	13	14	15	16	17	18
研磨	—	—	—	—	—	—													
珩磨						—	—	—											
圆磨							—	—	—	—									
平磨							—	—	—	—									
金刚石车							—	—	—	—									
金刚石镗							—	—	—	—									
拉削							—	—	—	—	—								
铰孔								—	—	—	—	—							

表 3.8　各种加工方法所能达到的公差等级

加工方法	公差等级(IT)																		
	01	0	1	2	3	4	5	6	7	8	9	10	11	12	13	14	15	16	17	18
精车精镗									—	—	—									
粗车												—	—	—						
粗镗												—	—	—						
铣											—	—	—							
刨、插												—	—	—						
钻削												—	—	—	—					
冲压												—	—	—						
滚压、挤压												—	—							
锻造																—	—			
砂型铸造																—	—	—		
金属型铸造																—	—			
气割																	—	—	—	—

表 3.9　公差等级的应用

应用	公差等级(IT)																		
	01	0	1	2	3	4	5	6	7	8	9	10	11	12	13	14	15	16	17	18
量块	—	—	—																	
量规			—	—	—	—														
配合尺寸							—	—	—	—	—	—	—	—						
特别精密零件				—	—	—	—													
非配合尺寸														—	—	—	—	—	—	—
原材料尺寸									—	—	—	—	—	—	—					

表 3.10　公差等级的主要应用范围

公差等级	主要应用范围
IT01、IT0、IT1	一般用于精密标准量块。IT1 也用于检验 IT6、IT7 级轴用量规的校对量规
IT2~IT7	用于检验工件 IT5、IT6 的量规的尺寸公差
IT3、IT5 (孔的 IT6)	用于精度要求很高的重要配合, 如机床主轴与精密滚动轴承的配合、发动机活塞销与连杆孔和活塞孔的配合。 配合公差很小, 对加工要求很高, 应用很少

续表

公差等级	主要应用范围
IT6(孔的 IT7)	用于机床、发动机和仪表中的重要配合，如机床传动机构中的齿轮与轴的配合，轴与轴承的配合，发动机中活塞与汽缸、曲轴与轴承、气门杆与导套等的配合。 配合公差较小，一般精密加工能够实现，在精密机械中广泛应用
IT7、IT8	用于机床和发动机中的次要配合上，也用于重型机械、农业机械、纺织机械、机车车辆等的重要配合上，如机床上操纵杆的支撑配合、发动机中活塞环与活塞槽的配合、农业机械中齿轮与轴的配合等。 配合公差中等，加工易于实现，再一般机械中广泛应用
IT9、IT10	用于一般要求或长度精度要求较高的配合，满足某些非配合尺寸的特殊要求。例如，飞机机身外壳尺寸，由于重量限制，要求达到 IT9 或 IT10
IT11、IT12	用于不重要的配合处，多用于各种没有严格要求，只要求便于联结的配合，如螺栓和螺孔、铆钉和孔等的配合
IT12~IT18	用于未注公差的尺寸和粗加工的工序尺寸上，如手柄的直径、壳体的外形、壁厚尺寸、端面之间的距离等

采用类比法选用公差等级时，除参考以上各表外，还应考虑以下问题。

1．工艺等价性

工艺等价性是指孔和轴的加工难易程度相同。

在常用尺寸段内，当间隙和过渡配合公差等级≤IT8、过盈配合公差等级≤IT7 时，由于孔比轴难加工，采用孔比轴低一级，如 H8/g7、H7/u6 等，使孔、轴工艺等价；当间隙和过渡配合公差等级＞IT8、过盈配合公差等级＞IT7 时，采用孔与轴同级配合，如 H9/c9 等。

2．配合性质

过渡、过盈配合的公差等级不宜太低，一般孔的公差等级≤IT8，轴的公差等级≤IT7；对间隙配合，间隙小的公差等级应较高，间隙大的公差等级可低些。例如，选用 H6/f5 和 H11/11b 比较适合，而选用 H11/f 11 和 H6/5b 是不合适的。

3．相配合零、部件的精度要匹配

例如，齿轮孔与轴的配合，它们的公差等级取决于齿轮的精度等级。与滚动轴承配合的箱体孔和轴的公差等级取决于滚动轴承的公差等级。

4．非基准制配合

在非基准制配合中，有的零件精度要求不高，可与相配合零件的公差等级差2~3级。

3.4.3　配合的选用

如前所述，通过对基准制和公差等级的选择，确定了基准件的公差带，以及相配合的非基准件公差带的大小，因此选择配合种类实质上就是根据配合的类别，确定非基准件公差带的位置，也就是选择非基准件的基本偏差代号。

　　配合的选用步骤为先选择配合类别，再选择非基准件的基本偏差代号。

1. 配合类别的选择

　　配合类别有间隙、过渡和过盈三大类。选择哪类配合，应根据孔、轴配合具体的使用要求，参照表 3.11 从大体方向上确定应选的配合类别。

表 3.11　配合类别选择的大体方向

无相对运动	要传递转矩	要精确同轴	永久结合	过盈配合
			可拆结合	过渡配合或基本偏差为 H(h)* 的间隙配合加紧固件**
		不需要精确同轴		间隙配合加紧固件**
	不需要传递转矩			过渡配合或轻的过盈配合
有相对运动	只有移动			基本偏差为 H(h)、G(g)** 等间隙配合
	转动或转动和移动复合运动			基本偏差为 A～F(a～f)** 等间隙配合

　　注：* 指非基准件的基本偏差代号。

　　　　** 紧固件指键、销钉和螺钉等。

　　确定配合类别后，应首先选用优先配合，其次是常用配合，再次是一般配合。如果仍不能满足要求，可选择其他的配合。

2. 非基准件基本偏差代号的选择

　　非基准件基本偏差代号的选择方法有三种：计算法、试验法和类比法。

　　1) 计算法

　　计算法是根据零件的材料、结构和功能要求，按照一定的理论公式的计算结果来选择配合的方法。用计算法选择配合时，关键是确定所需的极限间隙或极限过盈量。由于影响间隙和过盈的因素很多，理论的计算也是近似的，因此在实际应用中还需经过试验来确定。一般情况下，很少使用计算法。

　　2) 试验法

　　试验法是通过模拟试验和分析来选择配合的方法。该方法主要用于特别重要的、关键性的场合。试验法比较可靠，但成本较高，也很少应用。

　　3) 类比法

　　类比法是参照同类型机器或机构中经过生产实践验证的配合的实际情况，通过分析对比来确定配合的方法。此方法应用最为广泛。

　　采用类比法选择配合种类，首先要掌握各种配合的特征和应用场合，应尽量采用国家标准所规定的常用与优先配合。表 3.12 所示为尺寸≤500mm 基孔制常用和优先配合的特征及应用场合。

表 3.12　尺寸≤500mm 基孔制常用和优先配合的特征及应用

配合特征	配合特征	配合代号	应 用
间隙配合	特大间隙	$\dfrac{H11}{a11}\ \dfrac{H11}{b11}\ \dfrac{H12}{b12}$	用于高温或工作时要求大间隙的配合
	很大间隙	$\left(\dfrac{H11}{c11}\right)\dfrac{H11}{d11}$	用于工作条件较差、受力变形或为了便于装配而需要大间隙的配合和高温工作的配合
	较大间隙	$\dfrac{H9}{c9}\ \dfrac{H10}{c19}\ \dfrac{H8}{d8}\left(\dfrac{H9}{d9}\right)\dfrac{H10}{d10}$ $\dfrac{H8}{e7}\ \dfrac{H8}{e8}\ \dfrac{H9}{e9}$	用于高速重载的滑动轴承或大直径的滑动轴承，也可用于大跨距或多支承点支承的配合
	一般间隙	$\dfrac{H6}{f5}\ \dfrac{H7}{f6}\left(\dfrac{H8}{f7}\right)\dfrac{H8}{f8}\ \dfrac{H9}{f9}$	用于一般转速的滑动配合。当温度影响不大时，广泛应用于普通润滑油润滑的支承处
	较小间隙	$\left(\dfrac{H7}{g6}\right)\dfrac{H8}{g7}$	用于精密滑动零件或缓慢间歇回转零件的配合部位
	很小间隙和零间隙	$\dfrac{H6}{g5}\ \dfrac{H6}{h5}\left(\dfrac{H7}{h6}\right)\left(\dfrac{H8}{h7}\right)\dfrac{H8}{h8}$ $\left(\dfrac{H9}{h9}\right)\dfrac{H10}{h10}\left(\dfrac{H11}{h11}\right)\dfrac{H12}{h12}$	用于不同精度要求的一般定位件的配合和缓慢移动、摆动零件的配合
过渡配合	绝大部分有微小间隙	$\dfrac{H6}{js5}\ \dfrac{H7}{js6}\ \dfrac{H8}{js7}$	用于易于装拆的定位配合或加紧固件后可传递一定静载荷的配合
	大部分有微小间隙	$\dfrac{H6}{k5}\left(\dfrac{H7}{k6}\right)\dfrac{H8}{k7}$	用于稍有振动的定位配合。加紧固件可传递一定载荷，装拆方便可用木锤敲入
	大部分有微小过盈	$\dfrac{H6}{m5}\ \dfrac{H7}{m6}\ \dfrac{H8}{m6}$	用于定位精度较高且能抗振的定位配合。加键可传递较大载荷。可用铜锤敲入或小压力压入
	绝大部分有微小过盈	$\left(\dfrac{H7}{n6}\right)\dfrac{H8}{n7}$	用于精确定位或紧密组合件的配合。加键能传递较大力或冲击性载荷。只在大修时拆卸
	绝大部分有较小过盈	$\dfrac{H8}{p7}$	加键后能传递很大力矩，且承受振动和冲击的配合、装配后不再拆卸
过盈配合	轻型	$\dfrac{H6}{n5}\ \dfrac{H6}{p5}\left(\dfrac{H7}{p6}\right)\dfrac{H6}{r5}\ \dfrac{H7}{r6}\ \dfrac{H8}{r7}$	用于精确的定位配合。一般不能靠过盈传递力矩。要传递力矩尚需加紧固件
	中型	$\dfrac{H6}{s5}\left(\dfrac{H7}{s6}\right)\dfrac{H8}{s7}\ \dfrac{H6}{t5}\ \dfrac{H7}{t6}\ \dfrac{H8}{t7}$	不需加紧固件就可传递较小力矩和轴向力。加紧固件后可承受较大载荷或动载荷的配合
	重型	$\left(\dfrac{H7}{u6}\right)\dfrac{H8}{u7}\ \dfrac{H7}{v6}$	不需加紧固件就可传递和承受较大力矩和动载荷的配合。要求零件材料有高强度
	特重型	$\dfrac{H7}{x6}\ \dfrac{H7}{y6}\ \dfrac{H7}{z6}$	能传递和承受很大力矩和动载荷的配合。需经试验后方可应用

注：① 括号内的配合为优先配合。

② 国家标准规定的 44 种基轴制配合的应用与本表中的同名配合相同。

其次，采用类比法选择配合还应考虑以下一些因素：工作时结合件之间是否有相对运动、承受载荷情况、温度变化、润滑条件、装配变形、拆装情况以及生产类型等。不同工作情况对过盈或间隙的影响如表 3.13 所示。

表 3.13　工作情况对过盈或间隙的影响

具体情况	过盈增或减	间隙增或减
材料强度低	减	—
经常拆卸	减	—
有冲击载荷	增	减
工作时孔温高于轴温	增	减
工作时轴温高于孔温	减	增
配合长度增大	减	增
配合面形位误差增大	减	增
装配时可能歪斜	减	增
旋转速度增高	增	增
有轴向运动	—	增
润滑油黏度增大	—	增
表面趋向粗糙	增	减
单件生产相对于成批生产	减	增

3. 各类配合的特征与应用示例

为了便于在设计中采用类比法合理地选用配合，下面以基孔制为例说明一些配合在实际中的应用，以供参考。

1) 间隙配合的选用

a～h 共 11 种轴基本偏差与基准孔(H)形成间隙配合，其中，H/a 的配合间隙最大，间隙依次减小，H/h 的配合间隙最小，其最小间隙为零。

(1) H/a、H/b、H/c 配合。三种配合的间隙很大，不常使用。适用于高温下工作的间隙配合及工作条件较差、受力变形大，或为了便于装配的缓慢、松弛的大间隙配合，如内燃机的排气阀和导管，如图 3.19 所示。

(2) H/d、H/e 配合。这两种配合的间隙较大，适用于松的间隙配合和一般的转动配合，如滑轮与轴的配合，如图 3.20 所示。

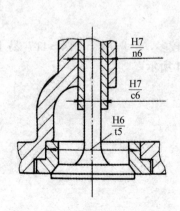

图 3.19　内燃机的排气阀和导管

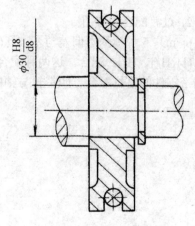

图 3.20　滑轮与轴的配合

(3) H/f 配合。此种配合的间隙适中，多用于 IT7～IT9 的一般转动配合，如齿轮轴套与轴的配合，如图 3.21 所示。

(4) H/g 配合。此种配合的间隙很小，制造成本很高，除了用于很轻负荷的精密装置外，不推荐用于转动配合。多用于 IT5～IT7 适合于做往复摆动和滑动的精密配合，如钻套与衬套的配合，如图 3.22 所示。

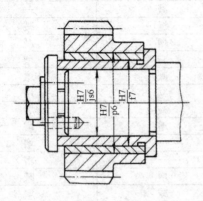

图 3.21　齿轮轴套与轴的配合　　　　图 3.22　钻套与衬套的配合

(5) H/h 配合。这种配合的间隙最小，为零，广泛用于 IT4～IT11 无相对转动而有定心和导向要求的定位配合。若没有温度、变形影响，也用于精密的滑动配合，如车床尾座顶尖套筒与尾座的配合，如图 3.23 所示。

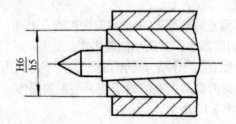

图 3.23　车床尾座顶尖套筒与尾座的配合

2) 过渡配合的选用

j～n 共 5 种轴基本偏差与基准孔(H)形成过渡配合。

(1) H/j、H/js 配合。这两种配合获得间隙的机会较多，一般用于 IT4～IT7 易于装卸的精密零件的定位配合，如带轮与轴的配合，如图 3.24 所示。

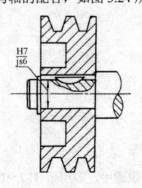

图 3.24　带轮与轴的配合

(2) H/k 配合。这种配合获得的平均间隙接近于零，定心较好，装配后零件受到接触应力也较小，用于 IT4～IT7 稍有过盈、能够拆卸的定位配合，如刚性联轴节的配合，如图 3.25 所示。

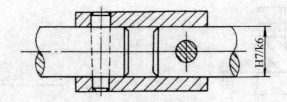

图 3.25　刚性联轴节的配合

(3) H/m、H/n 配合。这两种配合获得过盈的机会较多，用于 IT4～IT7 定位要求较高、装配较紧的配合，如涡轮青铜轮缘与轮辐的配合，如图 3.26 所示。

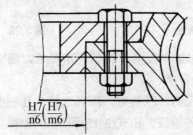

图 3.26　涡轮青铜轮缘与轮辐的配合

3) 过盈配合的选用

p～zc 共 12 种轴基本偏差与基准孔(H)形成过盈配合。

(1) H/p、H/r 配合。这两种配合在公差等级 IT6～IT8 时为过盈配合，可用锤打或压入机装配，只适合在大修时拆卸。它主要用于定心精度很高、零件有足够的刚性、受冲击载荷的定位配合，如连杆小头孔与衬套的配合，如图 3.27 示。

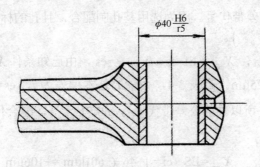

图 3.27　连杆小头孔与衬套的配合

(2) H/s、H/t 配合。这两种配合属于中等过盈配合，多采用 IT6、IT7。它用于钢铁件的永久或半永久结合。不用辅助件，依靠过盈产生的结合力，可以直接传递中等载荷。一般用压力法装配，也有用热胀法或冷缩法装配的，如联轴器与轴的配合，如图 3.28 所示。

(3) H/u、H/v、H/x、H/y、H/z 配合。这几种配合属于大过盈配合，一般不用。适用于传递大的转矩或承受大的冲击载荷，完全依靠过盈产生的结合力保证牢固的连接。通常采用热胀法或冷缩法装配，如，火车车轮与轴的配合，如图 3.29 所示。

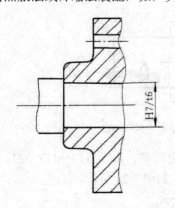

图 3.29　火车车轮与轴的配合

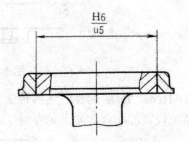

图 3.28　联轴器与轴的配合

例 3-8　设有一基本尺寸为 $\phi60$ 的配合，根据使用要求，确定其间隙为 +25～+110μm，试确定孔和轴的公差等级和配合种类。

解： ① 选择基准制。因为没有特殊要求，所以选择基孔制配合，基孔制配合 EI=0。

② 查表选择孔、轴公差等级。由式(3-15)和式(3-18)得

$$T_f = |X_{max} - X_{min}| = T_h + T_s$$

根据使用要求，允许的配合公差 $T_f = |X_{max} - X_{min}| = |+110-(+25)|$ μm=85μm，即所选孔、轴公差之和 $T_h + T_s$ 应最接近 T_f 而不大于 T_f。

查表 3-1 得：孔和轴的公差等级的公差等级介于 IT7 和 IT8 之间，根据工艺等价原则，当间隙配合公差等级≤IT8，由于孔比轴难加工，采用孔比轴低一级，故孔为 IT8，$T_h = 46$ μm；轴为 IT7，$T_s = 30$ μm，则配合公差 $T_f = T_h + T_s$ (46+30) μm=76μm，小于且接近于 T_f，因此满足使用要求。

③ 确定孔、轴公差带代号。因为选用基孔制配合，且孔的标准公差为 IT8，所以孔的公差带代号为 $\phi60H8\left(^{+0.046}_{\ 0}\right)$。

又因为是间隙配合，$X_{min} = EI - es = 0 - es = -es$，由已知条件 $X_{min} = +25$μm，即轴的基本偏差 es 应最接近于 −25μm。查表 3.4，令轴的基本偏差为 f，es=−30 μm,则 ei = es − IT7 = (−30−30) μm=−60μm，所以轴的公差带代号为 $\phi60f7\left(^{-0.030}_{-0.060}\right)$，配合代号为 $\phi60\dfrac{H8}{f7}$。

④ 验算设计结果：

$$X_{max} = ES - ei = [+46-(-60)]μm = +106μm$$

$$X_{min} = EI - es = [0-(-30)]μm = +30μm$$

间隙为 +25～+110μm，结果满足使用要求。

由以上分析可知，本题所选的配合 $\phi60\dfrac{H8}{f7}$ 是合适的，其中孔为 $\phi60H8\left(^{+0.046}_{\ 0}\right)$，轴为 $\phi60f7\left(^{-0.030}_{-0.060}\right)$。

3.5　线性尺寸的一般公差

在机械产品的零件上，有许多尺寸为精度较低的非配合尺寸。为了明确而统一地处理这类尺寸的公差要求，国家标准 GB/T 1804—2000《一般公差　未注公差的线性和角度尺寸的公差》规定了线性尺寸的一般公差的等级和极限偏差。

3.5.1　一般公差的概念

一般公差是指在车间普通工艺条件下，机床设备一般加工能力可保证的公差。在正常维护和操作情况下，它代表经济加工精度，主要用于低精度的非配合尺寸。

线性尺寸一般公差主要适用于较低精度的非配合尺寸。当功能上允许的公差等于或大于一般公差时，均应采用一般公差。采用一般公差的尺寸，在该尺寸后不标注极限偏差或其他代号，故又称为未注公差。

采用一般公差的线性尺寸，在正常车间精度保证的条件下，一般可不检验。

3.5.2　线性尺寸的一般公差

GB/T 1804—2000 对线性尺寸的一般公差规定了 4 个公差等级，分别为精密 f、中等 m、粗糙 c 和最粗 v。每个公差等级都规定了相应的极限偏差，线性尺寸的极限偏差数值如表 3.14 所示。

表 3.14　线性尺寸的极限偏差数值　　　　　　　　　　单位：mm

公差等级	尺寸分段							
	0.5～3	>3～6	>6～30	>30～120	>120～400	>400～1000	>1000～2000	>2000～4000
精密 f	±0.05	±0.05	±0.1	±0.15	±0.2	±0.3	±0.5	—
中等 m	±0.1	±0.1	±0.2	±0.3	±0.5	±0.8	±1.2	±2
粗糙 c	±0.2	±0.3	±0.5	±0.8	±1.2	±2	±3	±4
最粗 v	—	±0.5	±1	±1.5	±2.5	±4	±6	±8

GB/T 1804—2000 还对倒圆半径和倒角高度尺寸这两种常用的特定线性尺寸的一般公差做了规定，如表 3.15 所示。

表 3.15　倒角半径与倒角高度尺寸的极限偏差数值　　　　　　单位：mm

公差等级	尺寸分段			
	0.5～3	>3～6	>6～30	>30
精密 f	±0.2	±0.5	±1	±2
中等 m				
粗糙 c 级	±0.4	±1	±2	±4

注：倒圆半径与倒角高度的含义参见 GB 6403.4。

3.5.3　线性尺寸的一般公差表示方法

当采用一般公差时，在图样上只标注公称尺寸，不标注极限偏差，而是在图样上、技术文件中用线性尺寸的一般公差标准号和公差等级符号来表示。例如，选用粗糙 c 时，则表示为 GB/T 1804—c。这表明图样上凡未注公差的线性尺寸(包含倒圆半径和倒角高度)均按粗糙 c 加工和检验。

但是，当要素的功能允许一个比一般公差大的公差，而该公差比一般公差更经济时，应在尺寸后直接注出极限偏差。

实验与实训

1. 实训内容

已知一对滑动轴承配合为$\phi40H8/f7$，用千分尺、内径百分表测量轴、孔配合的实际尺寸。

2. 实训目的

了解测量内径常用计量器具——内径百分表的测量原理及使用方法。

3. 实训过程

(1) 轴的测量。

① 擦净千分尺和被测轴承，校正游标卡尺零位。

② 测量配合轴的实际尺寸，分别在沿轴线方向测几个截面，记录测量结果。

③ 将测量结果与被测轴的要求公差进行比较，判断被测轴是否合格。

(2) 孔的测量。

① 表的安装：在测量前先将百分表安在表架上，百分表应预压一两圈以保证读数准确性。

② 选择可换测头：根据被测孔径的基本尺寸，选择合适的可换测头安装到表架上。

③ 百分表调零：根据标准器(标准环、量块等)调整内径百分表的零位。

④ 测量：将内径百分表插入被测孔中，沿被测孔的轴线方向测几个截面，每个截面要在相互垂直的两个部位各测一次。测量时轻摆百分表，记下示值变化的最小值，此值为被测孔径的实际偏差。

⑤ 将测量结果与被测孔的要求公差进行比较，判断被测孔是否合格。

(3) 根据已知配合画出公差带图，并与实际测量结果进行比较，分析其配合间隙。

4. 实训总结

通过测量孔、轴的尺寸和画尺寸公差带图，掌握其测量方法，加深对基本尺寸、尺寸偏差、公差、公差带等概念的理解。

习　题

1. 填空题

(1) 孔和轴公差带的大小是由_____决定的，位置是由_____决定的。

(2) 已知某一基准轴的公差为 0.016mm，那么该轴的上偏差是_____ mm，下偏差是_____ mm。

(3) 已知某一基准孔的公差为 0.025mm，那么该孔的上偏差是_____ mm，下偏差是_____ mm。

(4) $\phi25^{+0.021}_{0}$ mm 的孔与 $\phi25^{-0.020}_{-0.033}$ mm 的配合，属于_____制_____配合。

(5) 已知基本尺寸为 $\phi35$mm 的孔，最大极限尺寸为 $\phi34.965$mm，尺寸公差为 0.022mm，则它的上偏差是_____，下偏差是_____。

(6) 在常用尺寸段内，标准公差的大小随基本尺寸的增大而_____，随公差等级增高而_____。

(7) 公差等级的选用原则是在满足_____的前提下，尽量选用_____的公差等级。

(8) 国家标准规定的优先、常用配合在孔、轴公差等级的选用上，采用"工艺等价原则"，高于 IT 8 的孔均与_____级的轴相配；低于 IT 8 的孔均和_____级的轴相配。

(9) $\phi45^{+0.005}_{0}$ mm 孔的基本偏差数值为_____，$\phi50^{-0.050}_{-0.112}$ mm 轴的基本偏差数值为_____mm。

2. 选择题

(1) $\phi520$f6、$\phi520$f7、$\phi520$f8 三个公差带(　　)。

　　A. 上偏差相同且下偏差相同　　　　　　B. 上偏差相同但下偏差不相同

　　C. 上偏差不相同且下偏差相同　　　　　D. 上、下偏差各不相同

(2) 基本偏差代号为 J、K、M 的孔与基本偏差代号为 h 的轴可以构成(　　)。

　　A. 间隙配合　　　　　　　　　　　　　B. 间隙或过渡配合

　　C. 过渡配合　　　　　　　　　　　　　D. 过盈配合

(3) 配合的松紧程度取决于(　　)。

　　A. 基本尺寸　　　B. 极限尺寸　　　　C. 基本偏差　　　D. 标准公差

(4) 作用尺寸是(　　)。

　　A. 设计给定的　　B. 加工后形成的　　C. 测量得到的　　D. 装配时产生的

(5) 下列加工方法所能达到的公差等级不符合实际的是(　　)。

　　A. 车可能达到 7～11 级　　　　　　　　B. 铣可能达到 8～11 级

　　C. 磨可能达到 5～8 级　　　　　　　　 D. 钻可能达到 6～10 级

(6) 利用同一加工方法，加工 $\phi50$H7 孔和 $\phi125$H6 孔，应理解为(　　)。

　　A. 前者加工困难　　　　　　　　　　　B. 后者加工困难

　　C. 两者加工难易相当　　　　　　　　　D. 无从比较

(7) 实际尺寸是具体零件上(　　)尺寸的测得值。

　　A. 某一位置的　　B. 整个表面的　　　C. 部分表面的

(8) (　　)是表示过渡配合松紧变化程度的特征值，设计时应根据零件的使用要求来

规定这两个极限值。

    A. 最大间隙和最大过盈   B. 最大间隙和最小过盈

    C. 最大过盈和最小间隙

(9) 设置基本偏差的目的是将(   )加以标准化,以满足各种配合性质的需要。

    A. 公差带相对于零线的位置   B. 公差带的大小

    C. 各种配合

(10) 公差与配合标准的应用,主要是对配合的种类,基准制和公差等级进行合理的选择。选择的顺序应该是(   )。

    A. 基准制、公差等级、配合种类   B. 配合种类、基准制、公差等级

    C. 公差等级、基准制、配合种类   D. 公差等级、配合种类、基准制

3. 判断题

(1) 基本尺寸不同的零件,只要它们的公差值相同,它们的精度要求就相同。   (   )

(2) 过渡配合可能具有间隙,也可能具有过盈。因此,在一个具体的过渡配合中,间隙和过盈同时存在。   (   )

(3) 加工尺寸越接近基本尺寸,精度就越高。   (   )

(4) 某孔要求尺寸为 $\phi20^{-0.046}_{-0.067}$ mm,测得其实际尺寸为 $\phi19.962$ mm,可以判断该孔合格。   (   )

(5) 公差值越小,说明零件的精度越高。   (   )

(6) H7/f6 比 H7/x6 的配合要紧。   (   )

(7) 孔、轴公差带的相对位置反映加工的难易程度。   (   )

(8) 最小间隙为零的配合与最小过盈为零的配合,二者配合性质相同。   (   )

(9) 未注公差尺寸即对该尺寸无公差要求。   (   )

(10) 相配合的孔和轴的精度越高,则其配合精度越高。   (   )

(11) 有相对运动的配合应选用间隙配合,无相对运动的配合均选用过盈配合。   (   )

(12) 某孔的实际尺寸小于轴的实际尺寸,则形成过盈配合。   (   )

4. 简答题

(1) 在国家标准中,孔与轴是如何定义的?

(2) 什么是基本尺寸、极限尺寸、尺寸偏差和尺寸公差?它们之间有何关系?在公差带图中如何表示?

(3) 什么是标准公差?国家标准规定了多少个公差等级?如何表示?

(4) 什么是基本偏差?国家标准规定基本偏差有何意义?有多少个?如何表示?

(5) 配合分为几类?如何判断配合性质?

(6) 什么是基准制?有多少种?有何特点?

(7) 什么是线性尺寸的一般公差?国家标准规定了多少个公差等级?在图样上如何表示?

5. 实作题

(1) 根据表 3.16 中给出的数据,计算表中空格的数值并填入空格内。

表 3.16　计算表(1) 　　　　　　　　　　　　　　　单位: mm

基本尺寸	最大极限尺寸	最小极限尺寸	上　偏　差	下　偏　差	尺寸公差
孔 ϕ12	12.050	12.023			
轴 ϕ30			−0.040		0.021
孔 ϕ50		50.050			0.039
轴 ϕ55			−0.030	−0.076	

(2) 根据表 3.17 中给出的数据，计算表中空格的数值并填入空格内。

表 3.17　计算表(2)

基本尺寸	孔			轴			X_{max} 或 Y_{min}	X_{min} 或 Y_{max}	X_{av} 或 Y_{av}	配合性质
	ES	EI	T_D	es	ei	T_d				
ϕ25		0				0.021	+0.074		+0.057	
ϕ14		0				0.010		−0.012	+0.0025	
ϕ45			0.025	0				−0.050	−0.0295	

(3) 设基本尺寸为 D 的孔与同配合所要求的极限间隙 X_{max}、X_{min} 或极限过盈 Y_{max}、Y_{min} 如下。

① 基孔制: $D=\phi40$ mm, $X_{max}=+0.067$mm, $X_{min}=+0.022$mm;

② 基轴制: $D=\phi30$ mm, $X_{max}=+0.027$mm, $Y_{max}=-0.030$mm;

③ 基孔制: $D=\phi100$ mm, $Y_{max}=-0.146$mm, $Y_{min}=-0.089$mm。

试按所要求的基孔制或基轴制确定孔、轴配合代号和它们的极限偏差。

(4) 设计所要求的 $\phi40H8/f7$ 配合的某孔加工后实际尺寸为 $\phi40.045$mm，它大于最大极限尺寸。为了不把具有此孔的零件报废并获得设计规定的配合性质，拟按 $\phi40.045$mm 孔加工一轴，试确定配制加工时该轴的上、下偏差。

(5) 某发动机工作时铝活塞与气缸钢套孔之间的间隙应在 +0.040~+0.097mm 范围内，活塞与气缸钢套孔的基本尺寸为 95mm，活塞的工作温度为 150℃，气缸钢套的工作温度为 100℃，而它们装配时的温度为 20℃。气缸钢套的线膨胀系数为 12×10^{-6}℃，活塞的线膨胀系数为 22×10^{-6}℃。试计算活塞与气缸钢套孔间的装配间隙的允许变动范围，并根据该装配间隙的要求确定它们的配合代号和极限偏差。

第4章 几何公差

学习目标

通过本章的学习，理解并掌握有关几何要素的几种名称和定义；掌握几何公差项目的符号和标注方法；理解并掌握形状和位置公差带的特征、公差原则和公差要求；学会选用几何公差的方法。

内容导入

在机械零件的加工过程中，由于存在工艺系统本身的制造、调整误差和受力变形、热变形、振动、磨损等，零件加工后的实际几何体与理想几何体之间存在差异，这种差异表现为形状误差和位置误差。零件的形状和位置误差会影响机器的使用性能。例如，圆柱表面的形状误差，在间隙配合中，会使间隙大小分布不匀，造成局部磨损加快，从而降低零件的使用寿命；在过盈配合中，则造成各处过盈量不一致而影响联络强度。机床导轨表面的形状误差将影响刀架的运动精度。齿轮箱上各轴承孔的位置误差将影响齿面的接触均匀性和齿侧间隙等。那么，如何来限制机械零件的形状误差和位置误差？如何来检测机械零件的形状误差和位置误差？

4.1 几何公差概述

在加工过程中，由于机床、夹具、刀具和工件所构成的工艺系统本身存在几何误差，同时因受力变形、热变形、振动、刀具磨损等影响，被加工的零件不仅有尺寸误差，构成零件几何特征的点、线、面的实际形状或相互位置与理想几何体规定的形状和相互位置也不可避免地存在差异，这种形状上的差异就是形状误差，而相互位置的差异就是位置误差。

例如，在车削圆柱表面时，刀具的运动轨迹与工件的旋转轴线不平行或者工件的刚性较差时，加工出的零件表面会产生锥度[图 4.1(a)]；加工细长轴时，由于工件刚性较差和跟刀架使用不当，工件可能会出现腰鼓形、中凹形[图 4.1(b)、(c)]等，这些均为形状误差。在铣床上加工四方工件时，相邻两个表面不垂直[图 4.2(a)]；在钻床上钻孔时，孔与零件的定位面不垂直[图 4.2(b)]等，这些为位置误差。

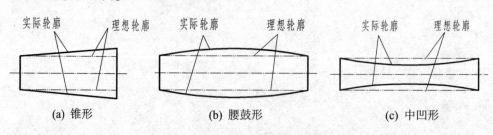

(a) 锥形   (b) 腰鼓形   (c) 中凹形

图 4.1 零件产生的形状误差

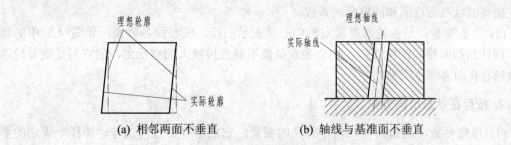

(a) 相邻两面不垂直　　　　(b) 轴线与基准面不垂直

图 4.2　零件产生的位置误差

几何误差对零件的使用功能有很大影响。例如，在光滑工件的间隙配合中，形状误差使间隙分布不均匀，加速局部磨损，导致零件的工作寿命缩短；在过盈配合中则造成各处过盈量不一致而影响联结强度。对于在精密、高速、重载或在高温、高压条件下工作的仪器或机器，几何误差的影响更为突出。

因此，为满足零件的功能要求，保证互换性，必须对零件的几何误差给予限制，即规定必要的形状和位置公差。几何公差即形状和位置公差。

现行的有关几何公差的国家标准主要如下。

GB/T 1182—2008《产品几何技术规范(GPS)　几何公差形状、方向、位置和跳动公差标注》；

GB/T 1184—1996《形状和位置公差　未注公差值》；

GB/T 4249—2009《产品几何技术规范(GPS)　公差原则》；

GB/T 16671—2009《产品几何技术规范(GPS)　几何公差　最大实体要求、最小实体要求和可逆要求》。

4.1.1　几何要素的分类

几何要素是指构成零件几何特征的点、线和面，简称要素。例如，如图 4.3 所示的零件的顶点、球心、轴线、素线、球面、圆锥面、圆柱面、端面等就是几何要素。几何要素就是几何公差的研究对象。

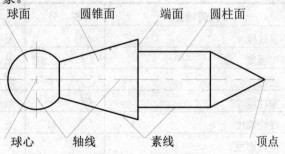

图 4.3　零件的几何要素

几何要素可从不同角度分类。

1. 按几何特征不同分类

(1) 轮廓要素，是指构成零件外形的点、线、面各要素，如图 4.3 中的球面、圆锥面、圆柱面端面以及圆柱面和圆锥面的素线。

(2) 中心要素,是指轮廓要素对称中心所表示的点、线、面各要素,如图 4.3 中的球心、圆柱面和圆锥面的轴线等。中心要素虽然不能直接被人们感受到,但它们是随着轮廓要素的存在而客观存在着的。

2. 按存在状态不同分类

(1) 理想要素,是指具有几何学意义的要素,它们不存在任何误差。图样上表示的要素一般均为理想要素。

(2) 实际要素,是指零件实际存在的要素。由于存在测量误差,因此完全符合定义的理想要素是测量不到的,通常用测量得到的要素来代替实际要素。

3. 按所处地位不同分类

(1) 被测要素,是指图样上给出形状或(和)位置公差要求的要素,即需要研究确定其形状或(和)位置误差的要素。

(2) 基准要素,是指用来确定被测要素方向或(和)位置的参照要素。

4. 按功能关系不同分类

(1) 单一要素,是指仅对其本身给出形状公差要求的要素,即只研究确定其形状误差的要素。

(2) 关联要素,是指与基准要素有功能关系的要素,即需要研究确定其位置误差的要素。

注意:根据研究对象的不同,某一要素可以是单一要素,也可以是关联要素。

4.1.2 几何公差项目与符号

按照国家标准,几何公差项目分为四大类,其几何特征符号及附加符号如表 4.1 所示。

表 4.1 几何特征符号(摘自 GB/T 1182—2008)

公 差	几何特征	符 号	有或无基准要求
形状公差	直线度	—	无
	平面度	▱	无
	圆度	○	无
	圆柱度	⌀	无
	线轮廓度	⌒	无
	面轮廓度	⌓	无
方向公差	平行度	//	有
	垂直度	⊥	有
	倾斜度	∠	有
	线轮廓度	⌒	有
	面轮廓度	⌓	有

续表

公　差	几何特征	符　号	有或无基准要求
位置公差	位置度	⊕	有或无
	同心度(用于中心点)	◎	有
	同轴度(用于轴线)	◎	有
	对称度	═	有
	线轮廓度	⌒	有
	面轮廓度	⌓	有
跳动公差	圆跳动	↗	有
	全跳动	⌰	有

4.1.3　几何公差标注

按国家标准的规定，在图样上标注几何公差时，应采用代号标注。无法采用代号标注时，允许在技术条件中用文字加以说明。

几何公差代号用框格表示，框格内应注明几何公差数值及有关符号。公差框格为矩形框格，该框格由两格或多格组成，形状公差只需要两格，位置公差用三格或多格。图样中只能水平或垂直绘制，框格中的内容水平绘制时从左到右填写，垂直绘制从下到上填写。框格内容包括几何公差项目符号、公差值和基准，如图 4.4 所示。

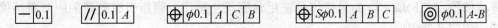

图 4.4　几何公差框格

其中，几何公差项目符号需要设计者根据工件的性能要求从表 4.1 中选取。公差值是以 mm 为单位表示的线性值，如果公差带是圆形或圆柱形的则在公差值前面加注 ϕ；如果是球形的，则在公差值前面加注 $S\phi$。基准是用一个字母表示单个基准或用几个字母表示基准体系或公共基准。

1. 被测要素的标注方法

被测要素是检测对象，国标规定，在图样上要用带箭头的指引线将被测要素与公差框格一端相连。指引线从公差框格任一端垂直引出，指向被测要素时允许弯折，但不得多于两次。指引线箭头指向公差带的宽度或直径方向。

1) 被测要素为组成要素时

当被测要素是轮廓线或轮廓面时，指引线箭头指向该要素或其延长线上，箭头必须明显地与尺寸线错开。箭头也可指向引出线的水平线，引出线引自被测面，如图 4.5 所示。

2) 被测要素为导出要素时

当被测要素是中心线、中心面或中心点时，指引线箭头指向该要素的尺寸线，并与尺寸线的延长线重合，如图 4.6 所示。

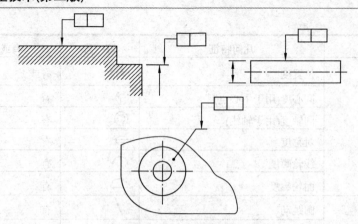

图 4.5 被测要素为组成要素时的标注

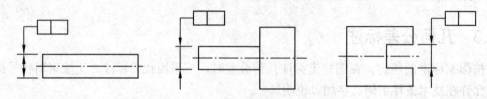

图 4.6 被测要素为导出要素时的标注

3) 被测要素为圆锥体的轴线时

指引线箭头应与圆锥体的大端或小端直径尺寸线对齐，如图 4.7(a)所示。若直径尺寸线不能明显地区别圆锥体或圆柱体，箭头也可以与圆锥体上任一部位的空白尺寸线对齐，如图 4.7(b)所示。如果锥体是使用角度尺寸标注，则指引线的箭头应对着角度尺寸线，如图 4.7(c)所示。

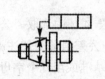 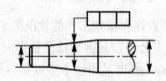 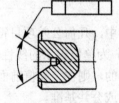

(a) 箭头与大端直径尺寸线对齐   (b) 箭头与空白尺寸线对齐   (c) 箭头与角度尺寸线对齐

图 4.7 被测要素为圆锥体的轴线时的标注

2．基准要素的标注方法

基准用一个大写字母表示，字母标注在基准方格内，与一个涂黑的或空白的三角形相连，如图 4.8 所示。表示基准的字母还应标注在公差框格内。涂黑的和空白的基准三角形含义相同。为了不引起误解，字母 E、I、J、M、O、P、L、R、F 不用作基准，它们在几何公差标注中另有用途。

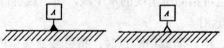

图 4.8 基准要素的标注示例 1

(1) 带基准字母的基准三角形的放置规定如下。

① 当基准要素是轮廓线或轮廓面时，基准三角形放置在要素的轮廓线或其延长线上(与尺寸线明显错开)，如图 4.9(a)所示；基准三角形也可放在该轮廓面引出线的水平线上，如图 4.9(b)所示。

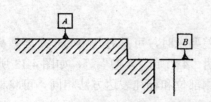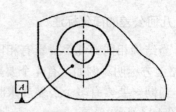

(a) 基准三角形放置在轮廓线或其延长线上　　　(b) 基准三角形放置在轮廓面引出线的水平线上

图 4.9　基准要素的标注示例 2

② 当基准要素是轴线、中心平面或中心点时，基准三角形应放置在该尺寸线的延长线上，如图 4.10(a)所示。如果没有足够的位置标注基准要素尺寸的两个尺寸箭头，则其中一个箭头可用基准三角形代替，如图 4.10(b)、(c)所示。

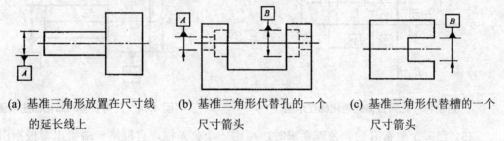

(a) 基准三角形放置在尺寸线　　(b) 基准三角形代替孔的一个　　(c) 基准三角形代替槽的一个
　　的延长线上　　　　　　　　　　尺寸箭头　　　　　　　　　　　尺寸箭头

图 4.10　基准要素的标注示例 3

(2) 如果只以要素的某一局部做基准，则应用粗点划线表示该部分并加注尺寸，如图 4.11 所示。

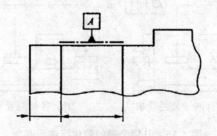

图 4.11　基准要素的标注示例 4

(3) 基准符号在公差框格中的标注方法如下。

① 单一基准要素用大写字母表示，如图 4.12(a)所示。

② 由两个要素组成的公共基准，用中间加连字符的两个大写字母表示，如图 4.12(b)所示。

③ 由两个或两个以上要素组成的基准体系，如多基准组合，表示基准的大写字母应按基准的优先次序从左至右分别置于各框格内，如图 4.12(c)所示。

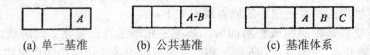

(a) 单一基准　　　　(b) 公共基准　　　　(c) 基准体系

图 4.12　基准要素的标注示例 5

3．几何公差的简化标注

(1) 当结构相同的几个要素有相同的几何公差要求时，可只对其中的一个要素标注，并在框格上方标明。例如，有 4 个要素，则可注明"4×"或"4 槽"等，如图 4-13 所示。

(2) 当同一要素有多个公差要求时，只要被测部位和标注表达方法相同，可将框格重叠，如图 4.14 所示。

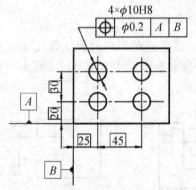

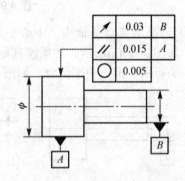

图 4.13　几何公差的简化标注示例 1　　　　图 4.14　几何公差的简化标注示例 2

(3) 当多个要素有同一公差要求时，可用一个公差框，自框格一端引出多根指引线指向被测要素，如图 4.15(a)所示；若要求各被测要素具有单一公差带，应在公差框格内公差值的后面加注公共公差带的符号"CZ"，如图 4.15(b)所示。

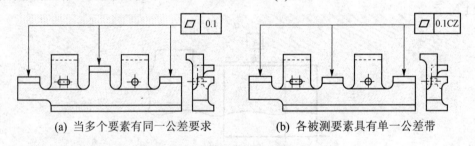

(a) 当多个要素有同一公差要求　　　　(b) 各被测要素具有单一公差带

图 4.15　几何公差的简化标注示例 3

4．有附加要求时的标注

(1) 为了说明几何公差框格中所标注的几何公差的其他附加要求，可以在框格的下方或上方附加文字说明。凡属于被测要素数量的文字说明，应写在公差框格的上方，如图 4.16(a)所示；凡属于解释性的文字说明，应写在公差框格的下方，如图 4.16(b)所示。

(2) 如果轮廓度特征适用于横截面的整周轮廓或由该轮廓所示的整周表面时，应采用"全周"符号表示，如图 4.17 所示。"全周"符号并不包括整个工件的所有表面，只包括由轮廓和公差标注所表示的各个表面。图 4.17(a)只表示轮廓截面的全周，图 4.17(b)不包括

a、b 两端面。

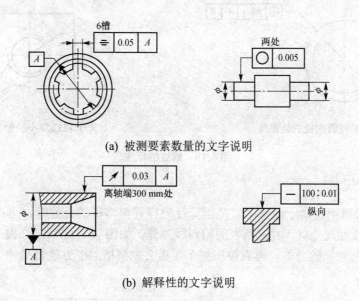

(a) 被测要素数量的文字说明

(b) 解释性的文字说明

图 4.16　附加说明标注

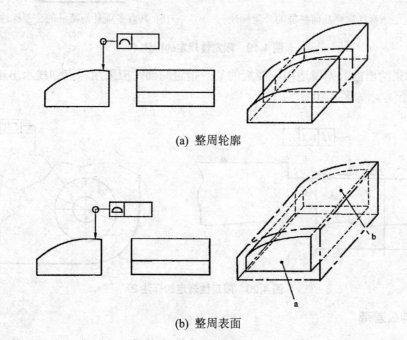

(a) 整周轮廓

(b) 整周表面

图 4-17　轮廓度全周标注

　　(3) 以螺纹轴线为被测要素或基准要素时，默认为螺纹中径圆柱的轴线，否则应另有说明。例如，用 "MD" 表示大径，用 "LD" 表示小径，标注方法如图 4.18 所示。图 4.18(a)表示螺纹大径相对于 A、B 基准的位置度，图(b)表示以螺纹小径的轴线为基准。以齿轮、花键轴线为被测要素或基准要素时，需说明所指的要素，如用 "PD" 表示节径，用 "MD" 表示大径，用 "LD" 表示小径。

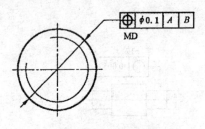

(a) 螺纹大径的位置度

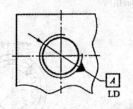

(b) 以螺纹小径轴线为基准

图4.18 螺纹的标注

5. 限定性规定

(1) 需要对整个要素上任意限定范围标注同样几何特征的公差时，可在公差值后面加注限定范围的线性尺寸值，并在两者间用斜线隔开，如图 4.19(a)所示。如果标注的是两项或两项以上几何特征的公差，可直接在整个要素公差框格的下方放置另一个公差框格，如图 4.19(b)所示。

(a) 限定范围标注同样几何特征的公差标注　　　(b) 具有多项几何特征的公差标注

图4.19 限定性规定的标注 1

(2) 如果给出的公差仅适用于要素的某一指定局部，应采用粗点划线示出该局部的范围，并加注尺寸，如图 4.20 所示。

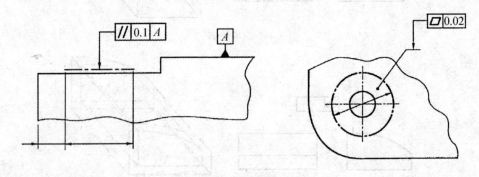

图4.20 限定性规定的标注 2

6. 延伸公差带

在一般情况下，图样上给出的几何公差如无特殊说明，几何公差带控制的对象都是实际被测要素，公差带的长度仅为被测要素的全长。有时为了满足装配的需要，将公差带或其他定向、定位公差带移至实际被测要素的延长部分，这种公差带称为延伸公差带。延伸公差带用规范的附加符号Ⓟ表示，如图 4.21 所示。

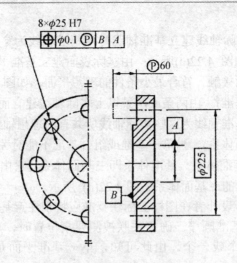

图 4.21　延伸公差带的标注

4.2　几何公差及几何公差带

4.2.1　形状公差

1．形状公差的概念

形状公差是单一实际要素的形状相对其理想要素的最大变动量。GB/T 1182—2008 规定的形状公差项目有直线度、平面度、圆度、圆柱度、线轮廓度及面轮廓度。

2．形状公差的控制功能

直线度公差用于限定给定平面或空间内直线的形状误差；平面度公差用于限制平面的形状误差；圆度公差用于限制回转体表面正截面内轮廓的形状误差；圆柱度公差则用于限制圆柱面整体的形状误差。

线轮廓度公差用于限制平面内曲线(或曲面的截面轮廓线)的形状误差(无基准)或位置误差(有基准)；面轮廓度公差用于限制一般(非圆)曲面的形状误差或位置误差。

4.2.2　位置公差

位置公差指关联要素的方向或位置对基准所允许的变动全量，用来限制位置误差。位置误差是指被测实际要素对理想要素位置的变动量。根据关联要素对基准的功能要求的不同，位置公差可分为定向公差、定位公差和跳动公差。

1．基准及分类

1) 基准的建立及分类

基准是具有正确形状的理想要素，是确定被测要素方向或位置的依据，在规定位置公差时，一般都要注出基准。实际应用时，基准由实际基准要素来确定。

基准可分为四类。

(1) 单一基准。由实际轴线建立基准轴线时，基准轴线为穿过基准实际轴线，且符合最小条件的理想轴线，如图 4.22(a)所示；由实际表面建立基准平面时，基准平面为处于材料之外并与基准实际表面接触、符合最小条件的理想平面，如图 4.22(c)所示。

(2) 组合基准(公共基准)。由两条或两条以上实际轴线建立而作为一个独立基准使用的公共基准轴线时，公共基准轴线为这些实际轴线所共有的理想轴线，如图 4.22(b) 所示。

(3) 基准体系(三基面体系)。当单一基准或组合基准不能对关联要素提供完整的走向或定位时，就有必要采用基准体系。基准体系即三基面体系，它由三个互相垂直的基准平面构成，由实际表面所建立的三基面体系如图4.22(d) 所示。

应用三基面体系时，设计者在图样上标注基准应特别注意基准的顺序，在加工或检验时，不得随意更换这些基准顺序。确定关联被测要素位置时，可以同时使用三个基准平面，也可使用其中的两个或一个。由此可知，单一基准平面是三基面体系中的一个基准平面。

(4) 任选基准。任选基准是指有相对位置要求的两要素中，基准可以任意选定。它主要用于两要素的形状、尺寸和技术要求完全相同的零件，或在设计要求中，各要素之间的基准有可以互换的条件，从而使零件无论上下、反正或颠倒装配仍能满足互换性要求。

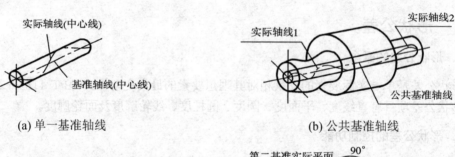

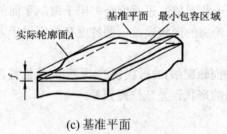

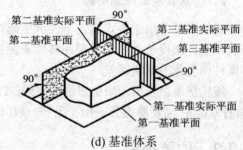

(a) 单一基准轴线   (b) 公共基准轴线

(c) 基准平面   (d) 基准体系

图 4.22　基准和基准体系

2) 基准的体现

建立基准的基本原则是基准应符合最小条件，但在实际应用中，允许在测量时用近似方法体现。基准的常用体现方法有模拟法和直接法。

(1) 模拟法。

模拟法通常采用具有足够几何精度的表面来体现基准平面和基准轴线。用平板表面体现基准平面，如图 4.23(a)所示；用心轴表面体现内圆柱面的轴线，如图 4.23(b)所示；用 V 形架表面体现外圆柱面的轴线，如图 4.23(c)所示。

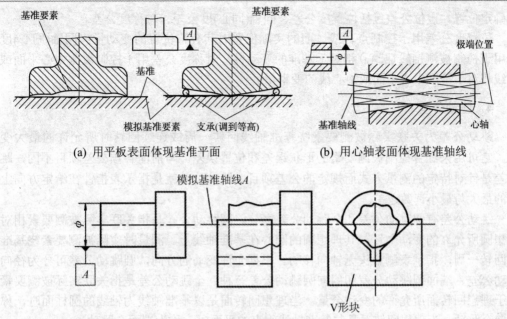

(a) 用平板表面体现基准平面　　　　(b) 用心轴表面体现基准轴线

(c) 用 V 形架表面体现基准轴线

图 4.23　模拟法体现基准

(2) 直接法。

当基准实际要素具有足够形状精度时，可直接作为基准。若在平板上测量零件，可将平板作为直接基准，如图 4.24 所示。

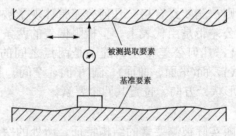

图 4.24　直接法体现基准

2．定向公差

定向公差是被测要素相对于基准要素在给定方向上允许的变动量，它用来控制线或面的定向误差。理想要素的方向由基准及理论正确角度确定，公差带相对于基准有确定的方向。按照被测要素与基准要素的方向不同分为平行度、垂直度和倾斜度三类，它们都有面对面、面对线、线对面、线对线还有线对基准体系的关系。

平行度公差用于控制被测要素相对于基准要素的方向偏离 0° 的变动；垂直度用于控制被测要素相对于基准要素的方向偏离 90° 的变动；倾斜度用于控制被测要素相对于基准要素的方向偏离某一给定角度(0° ～90°)的变动。

3．定位公差

定位公差是被测要素相对于基准要素在给定位置上允许的变动量，它用来控制点、线或面的定位误差。理想要素的位置由基准及理论正确尺寸(角度)确定，公差带相对于基准有确定位置。定位公差包括位置度公差、同轴(同心)度公差、对称度公差。

位置度公差用于控制点、线、面的实际位置对其公称位置的变动量；同轴(同心)度公差用于控制被测轴线(圆心)相对于基准的变动量；对称度公差用于控制被测中心平面或中心线相对于基准中心平面或中心线的变动量。

4．跳动公差

跳动公差为关联实际被测要素绕基准轴线回转一周或连续回转时所允许的最大变动量。它可用来综合控制被测要素的形状误差和位置误差。与前面各项公差项目不同，跳动公差是针对特定的测量方式而规定的公差项目。跳动公差就是指示表指针在给定方向上指示的最大与最小读数之差。

跳动公差有圆跳动公差和全跳动公差之分。圆跳动公差是指关联实际被测要素相对于理想圆所允许的变动全量，其理想圆的圆心在基准轴线上。测量时实际被测要素绕基准轴线回转一周，指示表测量头无轴向移动。根据允许变动的方向，圆跳动公差可分为径向圆跳动公差、端面圆跳动公差和斜向圆跳动公差三种。全跳动公差是指关联实际被测要素相对于理想回转面所允许的变动全量。当理想回转面是以基准轴线为轴线的圆柱面时，称为径向全跳动；当理想回转面是与基准轴线垂直的平面时，称为端面全跳动。

4.2.3　几何公差带

1．几何公差带的四要素

几何公差带是限制实际被测要素变动的区域，其大小由几何公差值确定。只要被测实际要素包含在公差带内，则被测要素合格。几何公差带体现了被测要素的设计要求，也是加工和检验的根据。尺寸公差带是由代表上、下极限偏差的两条直线所限定的区域，这个"带"的长度可任意绘出。几何公差带控制的不是两点之间的距离，而是点(平面、空间)、线(素线、轴线、曲线)、面(平面、曲面)、圆(平面、空间、整体圆柱)等区域，所以它不仅有大小，而且还具有形状、方向、位置共四个要素。

1) 形状

几何公差带的形状随实际被测要素的结构特征、所处的空间以及要求控制方向的差异而有所不同，几何公差带的常见形状有 9 种，如图 4.25 所示。

2) 大小

几何公差带的大小有两种情况，即公差带区域的宽度(距离)t 或直径ϕt/Sϕt，它表示了几何精度要求的高低。

3) 方向

理论上几何公差带的方向应与图样上几何公差框格指引线箭头所指的方向垂直。

4) 位置

几何公差带的位置分为浮动和固定两种。形状公差带只具有大小和形状，而其方向和位置是浮动的；定向公差带只具有大小、形状和方向，而其位置是浮动的；定位和跳动公差带则除了具有大小、形状、方向外，其位置是固定的。

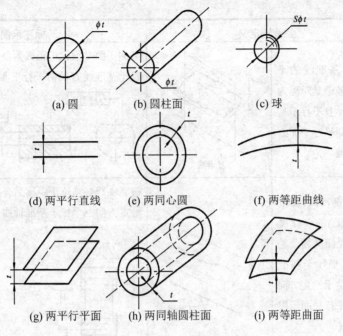

(a) 圆　　　　　(b) 圆柱面　　　　　(c) 球

(d) 两平行直线　　(e) 两同心圆　　(f) 两等距曲线

(g) 两平行平面　　(h) 两同轴圆柱面　　(i) 两等距曲面

图 4.25　几何公差带的常见形状

2. 位置公差带

位置公差包括平行度、垂直度、倾斜度、同轴度、对称度、位置度、圆跳动和全跳动八个项目，是限制被测实际要素相对于基准要素的方向和位置误差的。位置公差带的定义、标注和解释如表 4.2～表 4.4 所示。

表 4.2　定向公差带的定义、标注示例和说明

项　目	公差带定义	标注示例
平行度	(1)面对基准面的平行度公差带是距离为公差值 t 且平行于基准面的两平行平面所限定的区域	被测表面必须位于距离为公差值 0.03mm，且平行于基准平面 A 的两平行平面之间 // 0.03 A A
	(2)线对基准面的公差带是距离为公差值 t 且平行于基准面的两平行平面所限定之间的区域	被测轴线必须位于距离为公差值 0.05mm，且平行于基准平面 A 的两平行平面之间 // 0.05 A A

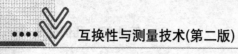

项　目	公差带定义		标注示例
平行度	(3)面对基准线的平行度公差带是距离为公差值 t 平行于基准线的两平行平面之间的区域		被测平面必须位于距离为公差值 0.1mm，且平行于基准线 C 的两平行平面之间
	(4)线对基准线(在给定方向上)的平行度公差带是距离为公差值 t 且平行于基准线，并位于给定方向上的两平行平面所限定的区域		被测轴线必须位于距离为公差值 0.1mm，且在给定方向上平行于基准轴线 A 的两平行平面之间
	(5)线对基准线(在任意方向上)的平行度公差带是直径为公差 t 且平行于基准线的圆柱面所限定的区域		被测轴线必须位于距离为公差值 ϕ0.03mm，且在给定方向上平行于基准轴线 A 的圆柱面内
垂直度	(1)线对基准线(在给定方向上)垂直度公差带是距离为公差值 t 且垂直于基准线的两平行平面所限定的区域		被测轴线必须位于距离为公差值 0.03mm，且垂直于基准线的两平行平面之间
	(2)线对基准面(在任意方向上)的垂直度公差带是直径为公差值 t 且垂直于基准面的圆柱面所限定的区域		被测轴线必须位于直径为公差值 ϕ0.01mm，且垂直于基准面的圆柱面内

续表

项　目	公差带定义		标注示例
倾斜度	(1)线对基准线(在给定方向上)的倾斜度公差带是距离为公差值 *t* 且与基准线成理论正确角度的两平行平面所限定的区域		被测轴线必须位于公差带是距离为公差值 0.08mm，且与公共基准轴线 *A-B* 成理论正确角度 60° 的两平行平面之间 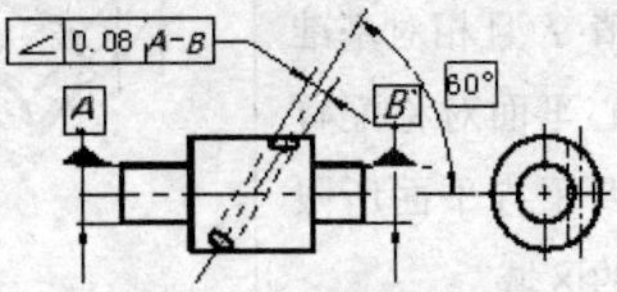
	(2)线对基准面(在任意方向上)的倾斜度公差带是直径为公差 *t* 且与基准平面成理论正确角度的圆柱面所限定的区域	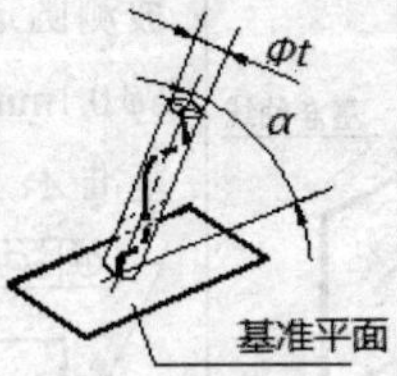	被测轴线必须位于公差带是直径为公差值 $\phi 0.05$mm，且与基准平面成理论正确角度 60° 的圆柱面内 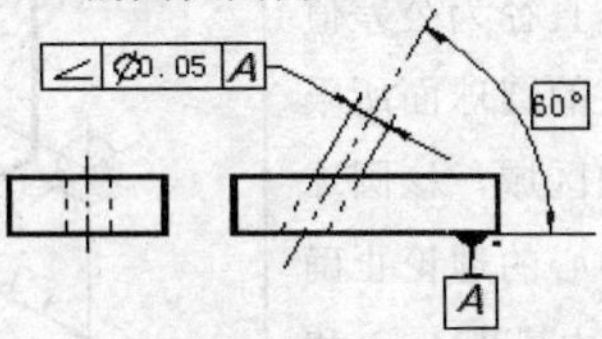

表 4.3　位置公差带的定义、标注示例和说明

项　目	公差带定义		标注示例
同轴度	(1)点对基准点的同轴度公差带是直径为公差值 ϕt 且与基准圆心同心的圆所限定的区域	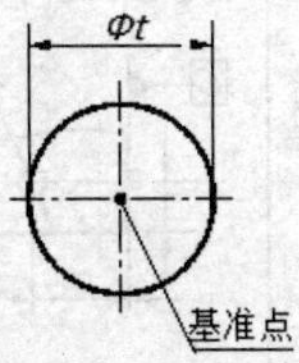	外圆的圆心必须位于直径为公差值 $\phi 0.01$mm，且与基准圆心同心的圆内 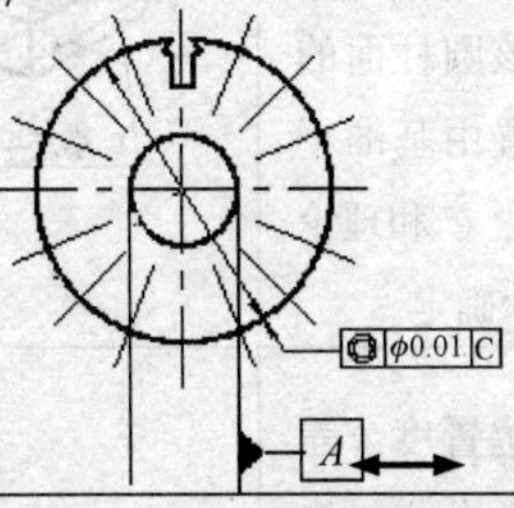
	(2)线对基准线的同轴度公差带是直径为公差值 ϕt 的圆柱面所限定的区域，该圆柱面的轴线与基准轴线同轴	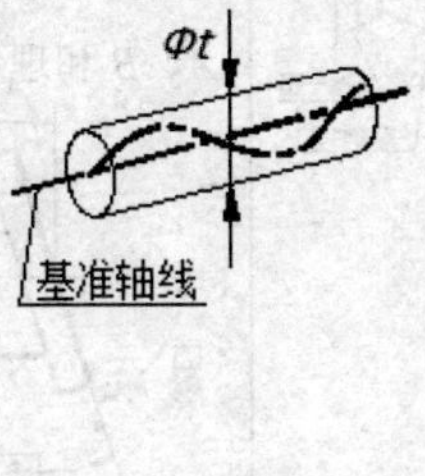	大圆柱的轴线必须位于直径为公差值 $\phi 0.01$mm，且与公共基准轴线 *A-B* 同轴的圆柱面内 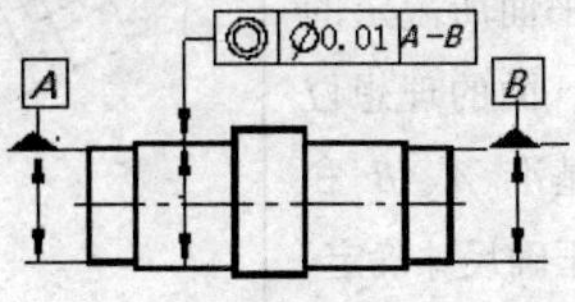

续表

项目	公差带定义	标注示例
对称度	面对基准面对称度公差带是距离为公差值 t 且相对基准中心平面对称配置的两平行平面所限定的区域	被测中心平面必须位于距离为公差值0.08mm，且相对基准中心平面 A 对称配置的两平行平面之间
位置度	(1)点的位置度公差带是直径为公差值 $S\phi t$ 的圆球面所限定的区域，该圆球面中心的理论正确位置由基准 A、B 和理论正确尺寸确定	被测圆球面的球心必须位于直径为公差值 $S\phi 0.1$mm 的圆球面内，该圆球面的中心由基准 A、B 和理论正确尺寸确定
	(2)线的位置度公差带是直径为公差 t 的圆柱面所限定的区域，该圆柱面的轴线位置由基准平面 A、B、C 和理论正确尺寸确定	被测轴线必须位于直径为公差值 $\phi 0.08$mm 的圆柱面内，该圆柱面的轴线由基准平面 A、B、C 和理论正确尺寸确定
	(3)面的位置度公差带是距离为公差值 t，且以面的理想位置为中心配置的两平行平面所限定的区域，面的理想位置由基准 A、B 和理论正确尺寸确定	被测倾斜面必须位于距离为公差值0.05mm，且对称于被测面的理论正确的两平行平面之间，面的理论正确位置由基准 A、B 和理论正确尺寸确定

表 4.4　跳动公差带的定义、标注示例和说明

项　目	公差带定义	标注示例
圆跳动	(1)径向圆跳动公差带是在任一垂直于基准的横截面内，半径差等于公差值 t 且圆心在基准轴线上的两同心圆所限定的区域	在任一垂直于基准 A 的横截面内，被测圆应限定在半径差等于 0.05mm，圆心在基准轴线 A 上的两同心圆之间
圆跳动	(2)端面圆跳动公差带是与基准轴线同轴的任一直径的圆柱截面上沿母线方向宽度为公差值 t 的两圆所限定的圆柱面区域	在与基准轴线 A 同轴的任一圆柱形截面上，被测圆应限定在沿母线方向宽度等于 0.05mm 的两个等圆之间
圆跳动	(3)斜向圆跳动公差带是与基准轴线同轴的任一圆锥面上，沿母线方向宽度为公差值 t 的两圆所限定的圆锥面区域。除另有规定外，测量方向是被测面的法线方向	在与基准轴线 A 同轴的任一圆锥截面上，被测圆应限定在沿母线方向宽度等于 0.05mm 的两个等圆之间
全跳动	(1)径向全跳动公差带是半径差为公差值 t，且与基准轴线同轴的两圆柱面所限定的区域	被测圆柱表面应限定在半径差等于 0.1mm，与基准轴线 A 同轴的两圆柱面之间

项　目	公差带定义	标注示例
全跳动	(2)端面全跳动公差带是距离为公差值 t 且与基准轴线垂直的两平行平面所限定的区域	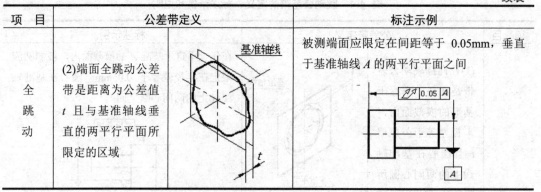 被测端面应限定在间距等于 0.05mm，垂直于基准轴线 A 的两平行平面之间

4.3　几何误差的评定及检测

4.3.1　几何误差的评定

评定实际要素的形状误差时，理想要素相对于实际要素的位置，必须有一个统一的评定准则，这个准则就是"最小条件"。最小条件是指实际被测要素相对于理想要素的最大变动量为最小。此时，对实际被测要素评定的误差值为最小。由于符合最小条件的理想要素是唯一的，　因此按此评定的形状误差值也将是唯一的。

评定形状误差的方法为最小包容区域法(简称最小区域法)，是指包容被测实际要素时，具有最小宽度 f 或直径 ϕf 的包容区域，形状与其公差带相同。形状误差值用最小区域的宽度或直径表示。

对于轮廓要素，符合最小条件的理想要素处于实体之外并与被测实际要素相接触，使被测实际要素对它的最大变动量为最小。如图 4.26(a)所示，h_1、h_2、h_3 分别是理想要素处于不同位置时实际要素的最大变动量。由于 $h_1<h_2<h_3$，h_1 为最小，因此符合最小条件的理想要素为 I-I，最小宽度为 $f=h_1$。

对于中心要素，符合最小条件的理想要素穿过实际中心要素，使实际要素对它的最大变动量为最小。如图 4.26(b)所示，符合最小条件的理想轴线为 L_1，最小直径为 $\phi f=\phi d_1$。又如图 4.26(c)所示，符合最小条件的理想圆为 $C1$ 组，其区域是最小区域，区域的宽度 Δr_1 就是圆度误差。

1. 形状误差值的评定

1) 直线度误差值的评定

直线度误差用最小包容区域法来评定。如图 4.27 所示，由两条平行直线包容实际被测直线时，实际被测直线上至少有高低相间三点分别与这两条平行直线接触，称为"相间准则"，这两条平行直线之间的区域即为最小包容区域，该区域的宽度 f 即为符合定义的直线度误差值。

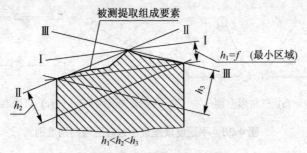

(a) 不同直线组与最小条件

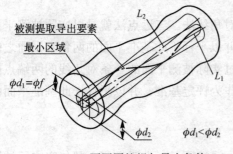

(b) 不同圆柱组与最小条件

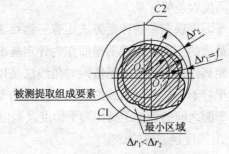

(c) 不同同心圆组与最小条件

图 4.26　最小条件和最小区域

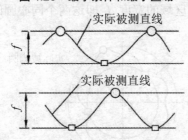

图 4.27　相间准则

直线度误差值还可以用两端点连线法来评定。

2) 平面度误差值的评定

平面度误差值用最小包容区域法来评定。如图 4.28 所示，由两个平行平面包容实际被测平面时，实际被测平面上至少有四个极点或者三个极点分别与这两个平行平面接触，且具有下列形式之一。

(1) 至少有三个高(低)极点与一个平面接触，有一个低(高)极点与另一个平面接触，并且这一个极点的投影落在上述三个极点连成的三角形内，称为"三角形准则"。

(2) 至少有两个高极点和两个低极点分别与这两个平行平面接触，并且高极点连线与低极点连线在空间呈交叉状态，称为"交叉准则"。

(3) 一个高(低)极点在另一个包容平面上的投影位于两个低(高)极点的连线上，称为"直线准则"。

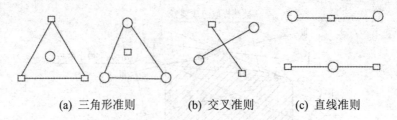

(a) 三角形准则   (b) 交叉准则   (c) 直线准则

图 4.28　平面度误差最小包容区域判别准则

那么，这两个平行平面之间的区域即为最小包容区域，该区域的宽度 f 即为符合定义的平面度误差值。

平面度误差值的评定方法还有三远点法和对角线法。三远点法就是以实际被测平面上相距最远的三点所形成的平面作为评定基准，并以平行于此基准平面的两包容平面之间的最小距离作为平面度误差值；对角线法是以通过实际被测平面的一条对角线的两端点的连线与平行于另一条对角线的两端点连线的平面作为评定基准，并以平行于此基准平面的两包容平面之间的最小距离作为平面度误差值。

3) 圆度误差值的评定

圆度误差值用最小包容区域法来评定。如图 4.29 所示，由两个同心圆包容实际被测圆时，实际被测圆上至少有四个极点内外相间地与这两个同心圆接触，则这两个同心圆之间的区域即为最小包容区域，该区域的宽度 f 即这两个同心圆的半径差就是符合定义的圆度误差值。

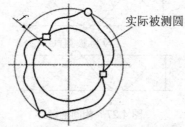

实际被测圆

图 4.29　圆度误差最小包容区域判别准则

圆度误差值还可以用最小二乘法、最小外接圆法或最大内接圆法来评定。

4) 圆柱度误差值的评定

圆柱度误差值可按最小包容区域法评定，即做半径差为最小的两同轴圆柱面包容实际被测圆柱面，构成最小包容区域，最小包容区域的径向宽度即为符合定义的圆柱度误差值。但是，按最小包容区域法评定圆柱度误差值比较麻烦，通常采用近似法评定。

采用近似法评定圆柱度误差值时，是将测得的实际轮廓投影于与测量轴线相垂直的平面上，然后按评定圆度误差值的方法，用透明模板上的同心圆去包容实际轮廓的投影，并使其构成最小包容区域，即内外同心圆与实际轮廓线投影至少有四点接触，内外同心圆的半径差即为圆柱度误差值，显然，这样的内外同心圆是假定的共轴圆柱面，而所构成的最小包容区域的轴线，又与测量基准轴线的方向一致，因而评定的圆柱度误差值略有增大。

最小条件是评定形状误差的基本原则，在满足零件功能要求的前提下，允许采用近似方法评定形状误差。当采用不同评定方法所获得的测量结果有争议时，应以最小区域法作为评定结果的判断依据。

2．定向误差值的评定

如图 4.30 所示，评定定向误差时，理想要素相对于基准 A 的方向应保持图样上给定的几何关系，即平行、垂直或倾斜于某一理论正确角度，按实际被测要素对理想要素的最大变动量为最小构成最小包容区域。定向误差值用对基准保持所要求方向的定向最小包容区域的宽度 f 或直径 ϕf 来表示。定向最小包容区域的形状与定向公差带的形状相同，但前者的宽度或直径则由实际被测要素本身决定。

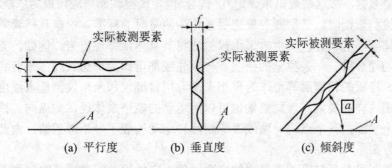

(a)　平行度　　　(b)　垂直度　　　(c)　倾斜度

图 4.30　定向最小包容区域示例

3．定位误差值的评定

评定定位误差值时，理想要素相对于基准的位置由理论正确尺寸来确定。以理想要素的位置为中心来包容实际被测要素时，应使之具有最小宽度或最小直径，来确定定位最小包容区域。定位误差值的大小用定位最小包容区域的宽度 f 或直径 ϕf 来表示。定位最小包容区域的形状与定位公差带的形状相同。

如图 4.31 所示，评定零件上第一孔的轴线的位置度误差时，被测轴线可以用心轴来模拟体现，实际被测轴线用一个点表示，理想轴线的位置由基准 A、B 和理论正确尺寸 L_x、L_y 确定，用点 O 表示，以点 O 为圆心，以 OS 为半径作圆，则该圆内的区域就是定位最小包容区域，位置度误差值 $\phi f = 2 \times OS$。

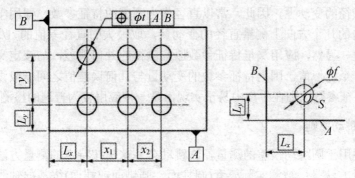

图 4.31　定位最小包容区域示例

4.3.2　几何误差的检测原则

由于被测零件的结构特点、尺寸大小和精度要求以及检测设备条件等不同，同一几何公差项目可以用不同的检测方法来检测。为了正确地测量几何误差，合理选择检测方案，GB/T 1958—2004《产品几何量技术规范(GPS)　形状和位置公差　检测规定》中规定了以下五个检测原则。

1．与理想要素比较原则

与理想要素比较原则是指测量时将实际被测要素与相应的理想要素做比较，在比较过程中获得测量数据，按这些数据来评定几何误差值。该检测原则应用最为广泛。

运用该检测原则时，必须要有理想要素作为测量时的标准。根据几何误差的定义，理想要素是几何学上的概念，测量时采用模拟法将其具体地体现出来。例如，刀口形直尺的刃口、平尺的轮廓线、一条拉紧的弦线、一束光线都可作为理想直线；平台和平板的工作面、水平面、样板的轮廓面等可作为理想平面，用自准仪和水平仪测量直线度和平面度误差时就是应用这样的要素。理想要素也可以用运动的轨迹来体现，如纵向、横向导轨的移动构成了一个平面；一个点绕一轴线做等距回转运动构成了一个理想圆，由此形成了圆度误差的测量方案。

模拟理想要素是几何误差测量中的标准样件，它的误差将直接反映到测得值中，是测量总误差的重要组成部分。几何误差测量的极限测量总误差通常占给定公差值的 10%～33%，因此，模拟理想要素必须具有足够的精度。

2．测量坐标值原则

由于几何要素的特征总是可以在坐标系中反映出来，因此，利用坐标测量机或其他测量装置，对被测要素测出一系列坐标值，再经数据处理，就可以获得几何误差值。测量坐标值原则是几何误差中的重要检测原则，尤其在轮廓度和位置度误差测量中的应用更为广泛。

3．测量特征参数原则

特征参数是指被测要素上能直接反映几何误差变动的，具有代表性的参数。"测量特征参数原则"就是通过测量被测要素上具有代表性的参数来评定几何误差。例如，圆度误差一般反映在直径的变动上，因此，常以直径作为圆度的特征参数，即用千分尺在实际表面同一正截面内的几个方向上测量直径的变动量，取最大的直径差值的 1/2，作为该截面内的圆度误差值。显然，应用测量特征参数原则测得的几何误差，与按定义确定的几何误差相比，只是一个近似值，因为特征参数的变动量与几何误差值之间一般没有确定的函数关系，但测量特征参数原则在生产中易于实现，是一种应用较为普遍的检测原则。

4．测量圆跳动原则

此原则主要用于圆跳动误差的测量，圆跳动公差就是按特定的测量方法定义的位置误差项目。其测量方法是：被测实际要素(圆柱面、圆锥面或端面)绕基准轴线回转过程中，沿给定方向(径向、斜向或轴向)测出其对某参考点或线的变动量(指示表最大与最小读数之差)，如图 4.32 所示。

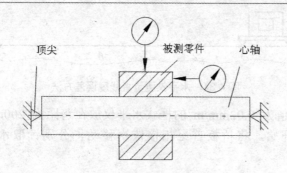

图 4.32 测量跳动原则

5. 控制实效边界原则

这个原则适用于采用最大实体要求的场合，按最大实体要求给出几何公差时，要求被测实际要素不得超越图样上给定的实效边界。判断被测实际要素是否超越实效边界的有效方法是综合量规检验法，亦即采用光滑极限量规或位置量规的工作表面模拟体现图样上给定的边界，来检测实际被测要素。若被测要素的实际轮廓能被量规通过，则表示合格，否则不合格。

4.3.3 几何误差的检测方法

1. 直线度误差检测

1) 光隙法

光隙法适用于磨削或研磨的较短表面的直线度误差的检测。如图 4.33 所示，用刀口形直尺测量平面上给定平面内的直线度误差，刀口形直尺的刃口体现理想直线。检测时，转动刀口形直尺刃口与被测实际要素的接触位置，用肉眼观察透光量的变化情况，被测实际直线到刀口形直尺刃口间最大光隙为最小时(符合最小条件)，估读出的最大光隙值就是被测平面内的直线度误差。

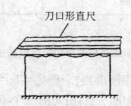

图 4.33 刀口形直尺测量直线度误差方法

误差的大小根据光隙确定，当光隙较小时，可按标准光隙估读，蓝光：f=0.5～0.8μm，红光：f=1.25～1.7μm，白光：f=2～2.5μm。当光隙大时，用塞尺测量。

2) 节距法

节距法适用于计量时对较长零件表面直线度误差的测量。

如图 4.34 所示，将水平仪放在桥板上，先调整被测零件，使被测要素大致处于水平位置。水平仪等间距沿被测素线移动，同时记录水平仪读数；根据记录的读数用计算法(或图解法)按最小条件(或两端点连线法)计算误差值。

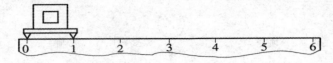

图 4.34 水平仪测量直线度误差方法

例 4-1 用分度值为 0.02mm/m 的框式水平仪放在跨距为 200mm 的桥板上,从工件被测要素的一端开始,将桥板首尾相接依次移动,分别读取水平仪上的数值,如表 4.5 所示。

表 4.5 直线度测量数据   单位:格

测点序号	0	1	2	3	4	5	6	7	8
水平仪读数值	0	+6	+6	0	−1.5	−1.5	+3	+3	+9
累加值	0	+6	12	+12	+10.5	+9	+12	+15	+24

首先将表 4.5 中被测要素的读数值进行累加,再用累加值作图,如图 4.35 所示,X 轴为点序,横坐标按适当比例缩小。Y 轴为累加值,累加值按适当比例进行放大。两坐标间缩小、放大比例无必然联系,以做图方便、清晰为准。但是,为了使画出的图比较直观形象,横坐标应大于纵坐标上的分度为好。然后将各点进行连线,各点的连线为被测要素的实际直线。

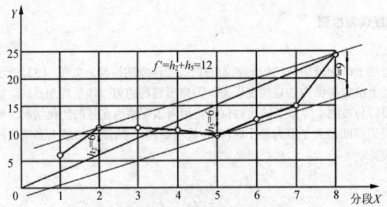

图 4.35 用图解法与最小包容区域法求直线度误差

做被测要素的最小包容区域(相间准则)来评定实际要素的直线度误差值。只需在实际轮廓线上找出最高(2 点、8 点)和最低(5 点)相间的三个点,通过两个高点(或两个低点)做一直线(理想直线),通过位于期间的最低点(或最高点)做另一平行线,将实际轮廓包容在内,两平行线间的区域为被测要素直线度误差的最小包容区域。按 Y 坐标方向量得被测要素的直线度误差 f=9 格,则直线度误差为 $f=\dfrac{0.02}{1000}\times200\times9=0.036$,此误差只要小于给定的直线度公差就合格。

注意,直线度误差是最小包容区域的宽度,一定要在平行于 Y 轴方向度量,这样读出的误差值准确。

按近似方法(两端点连线法)评定直线度误差值。将图 4.35 中的实际要素首尾相连成一条直线,该直线为这种评定方法的理想直线。点序 2 的测量点至该理想直线的距离为最大正值，而点序 5、6、7 三点至该理想直线的距离为最大负值。这里所指的距离也是按 Y 轴方向度量，可在图上量得 $h_2=6$ 格，$h_5=6$ 格。因此，按两端点连线法评定的直线度误差为 $f=12$ 格×0.004 mm/格=0.048mm。由此可见，近似法评定直线度误差方法简单，但误差值比最小包容区域法评定的直线度误差值大。

2. 平面度误差检测

(1) 干涉法。适用于平面度要求较高的小平面。如图 4.36 所示，测量时，将平晶贴在工件的被测表面上，观察干涉条纹。封闭的干涉条纹数乘以光波波长的一半即为平面度误差。干涉条纹越少则平面度越好。

(2) 指示器法。指示器测量如图 4.37 所示，将被测零件支承在平板上，将被测平面上两对角线的角点分别调成等高，或将最远的三点调成距测量平面等高。按一定布点测量被测表面。指示器上最大与最小读数之差即为该平面的平面度误差近似值。

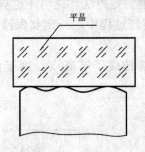

图 4-36　平晶测量

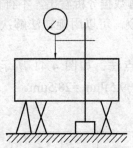

图 4-37　指示器测量

(3) 水平仪法。如图 4.38 所示，水平仪通过桥板放在被测平面上，用水平仪按一定布点和方向逐点测量，经过计算得到平面度误差。

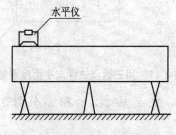

图 4.38　水平仪测量

(4) 自准直仪法。如图 4.39 所示，将自准直仪固定在平面外的一定位置，反射镜放在被测平面上，调整自准直仪，使其和被测表面平行，按一定布点和方向逐点测量，经过计算得到平面度误差。

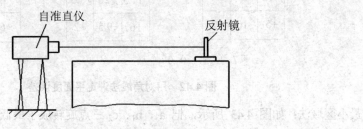

图 4.39　自准直仪测量

例 4-2 用指示器法测量平板的平面度误差，分别用三远点法、对角线法、最小包容区域法评定其误差值。

解： 按米字形布线的方式布九个点，逐点测量，记录数据，如图 4.40 所示。

0	+15	+7
a_1	a_2	a_3
−12	+20	+4
b_1	b_2	b_3
+5	−10	+2
c_1	c_2	c_3

图 4.40 平面度误差的测量数据

从所测数据分析看出，不符合任何一种平面度误差的评定方法，说明评定基准与测量基准不一致，可以用旋转法解决此问题。注意，平面旋转过程中，一定要保持实际平面不失真。

三远点法：如图 4.41 所示，把 a_1、a_3、c_3 三点旋转成了等高点，则平面度误差 $f =[(+19)-(-9.5)]\mu m =28.5\mu m$。

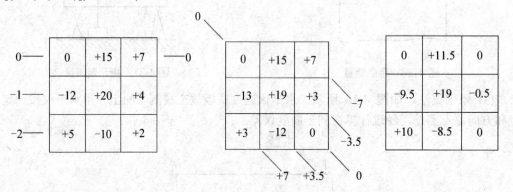

图 4.41 用三远点法评定平面度误差

对角线法：如图 4.42 所示，把 a_1 和 c_3、c_1 和 a_3 分别旋转成了等高点。则平面度误差 $f=[(+20)-(-11)] \mu m=+31\mu m$。

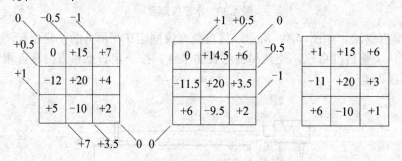

图 4.42 用对角线法评定平面度误差

最小区域法：如图 4.43 所示，把 a_3、b_1、c_2 三点旋转成了最低的三点，b_2 是最高点且投影落在了 a_3、b_1、c_2 三点之间，符合三角形准则，则平面度误差 $f=[(+20)-(-5)] \mu m =25\mu m$。

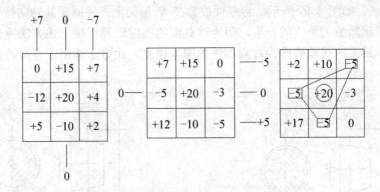

图 4.43 用最小区域法评定平面度误差

从以上三种评定结果可以看出，最小区域法评定结果是最小的、唯一的。三远点法与对角线法计算简单，在生产中比较常用。

3. 圆度误差检测

常用的测量方法有两大类，一类是在专用仪器上进行测量，如圆度仪，坐标测量机等；另一类是用普通的常用仪器进行测量。

(1) 圆度仪测量法。如图 4.44 所示，圆度仪上回转轴带着传感器转动，使传感器上的测头沿被测表面回转一圈，测头的径向位移由传感器转变为电信号，经放大器放大，推动记录器描绘出实际轮廓线，通过计算机按选定的评定方法可得到所测截面的圆度误差值。按上述方法测量若干个截面，取其中最大的误差值作为该零件的圆度误差。

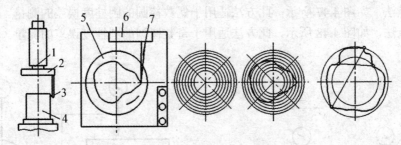

图 4.44 用圆度仪测量圆度

1—圆度仪回转轴；2—传感器；3—测量头；4—被测零件；5—转盘；6—放大器；7—记录笔

(2) 通用仪器测量法(近似评定方法)。有两点法和三点法两种，测量原理是通过测量被测零件正截面直径的变化量来近似地评定圆度误差的。

① 两点法。如图 4.45 所示，将零件放置在支承上，并固定其轴向位置。被测零件回转一周，指示器最大差值的一半，即为该截面的圆度误差。按上述方法重复测量若干个截面，取其中最大的误差值作为被测零件的圆度误差。此方法适用于偶数棱圆的圆度误差的测量。

通常也可用游标卡尺、千分尺或比较仪测量，具体方法是测量被测零件同一正截面内不同方向上的实际直径，直径最大变动量的一半就是此截面的圆度误差。按上述方法重复测量若干个截面，取其中最大的误差值作为被测零件的圆度误差。

② 三点法。如图 4.46 所示，将零件放置在 V 形架上，并固定其轴向位置。被测零件回转一周，指示器最大差值的一半，即为该截面的圆度误差。按上述方法重复测量若干个截面，取其中最大的误差值作为被测零件的圆度误差。此方法适用于奇数棱圆的圆度误差的测量。

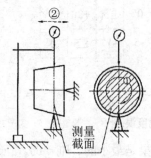

图 4.45　用两点法测量圆度误差

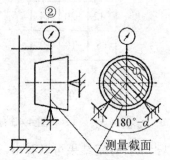

图 4.46　用三点法测量圆度误差

4. 圆柱度误差检测

圆柱度误差的检测同圆度测量方法一样，常用的方法有两种。

(1) 圆度仪测量法。可在如图 4.44 所示的测量圆度的方法基础上，测头沿被测圆柱面的轴向做精确移动，即测头沿被测圆柱面做螺旋运动，通过计算机进行数据处理可得到其圆柱度误差值。

(2) 通用仪器测量法(近似评定方法)。

① 两点法，如图 4.47 所示，此方法适用于偶数棱圆的圆柱度误差的测量。

② 三点法，如图 4.48 所示，此方法适用于奇数棱圆的圆柱度误差的测量。

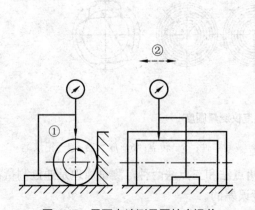

图 4.47　用两点法测量圆柱度误差

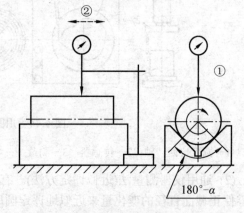

图 4.48　用三点法测量圆柱度误差

采用两点法与三点法进行测量时，均是将被测零件旋转一周，测量一个横截面上最大与最小读数，然后重复测量若干个横截面，取所有截面上的读数中最大值与最小值的一半作为被测实际要素的圆柱度误差。

5. 轮廓度误差检测

线轮廓度与面轮廓度的检测均可使用样板比较法和坐标测量法进行，也可以用三坐标测量机进行评价。

(1) 样板比较法。如图 4.49 所示，用样板模拟理想曲线，与实际轮廓进行比较，根据样板与被测轮廓之间的光隙来评定线轮廓度误差。检验时，应使两轮廓之间的最大光隙为最小(最小条件)，将这时的最大光隙作为线轮廓度误差。

(2) 坐标测量法。如图 4.50 所示，将被测零件放置在仪器工作台上，并进行正确定位。测出实际曲面轮廓上若干个点的坐标值，并将测得的坐标值与理想轮廓的坐标值进行比较，取其中差值最大的绝对值的两倍作为该零件的面轮廓度误差。

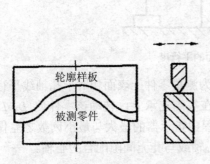

图 4.49 轮廓样板检测线轮廓度误差

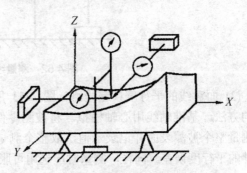

图 4.50 三坐标测量仪测量面轮廓度误差

6．平行度误差检测

平行度误差的检测方法，经常是用平板、心轴或 V 形架来模拟平面、孔或轴作基准，测量被测线、面上各点到基准的距离之差，以最大相对差作为平行度误差。

(1) 面对面的平行度误差检测。图 4.51 所示为测量零件上表面相对于下表面平行度误差的方法。将被测零件放置在平板上，在整个被测表面上按规定测量线进行测量，取指示器的最大与最小值之差作为该零件的平行度误差。

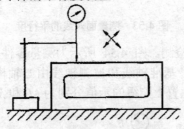

图 4.51 测量面对面的平行度

(2) 线对面的平行度误差检测。图 4.52 所示为测量零件孔轴线相对于下表面平行度误差的方法。将零件放置在平板上，被测轴线由心轴(可胀式或与孔成无间隙配合)模拟。在测量距离为 L_2 的两个位置上测得的示值分别为 M_1、M_2。

平行度误差为

$$f = \frac{L_1}{L_2}|M_1 - M_2| \qquad (4\text{-}1)$$

式中：L_1——被测轴线的长度。

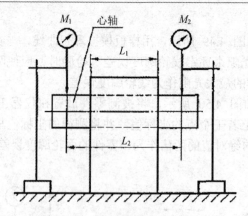

图 4.52　测量线对面的平行度

(3) 面对线的平行度误差检测。图 4.53 所示为测量零件上表面相对于孔轴线平行度误差的方法。基准轴线用心轴模拟。将被测零件放在等高支承上,转动该零件使 $L_3=L_4$,然后测量整个被测表面并记录示值。取整个测量过程中指示器的最大与最小读数之差作为该零件的平行度误差。同样,测量时应选用可胀式心轴或与孔无间隙配合的心轴。

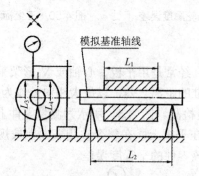

图 4.53　测量面对线的平行度

(4) 线对线的平行度误差检测。图 4.54 所示为测量零件上孔轴线相对于下孔轴线在任意方向上平行度误差的方法。基准轴线和被测轴线由心轴模拟。将被零件放在等高支承上,在测量距离为 L_2 的两个位置上测得的示值分别为 M_1 和 M_2,平行度误差同式(4-1)。

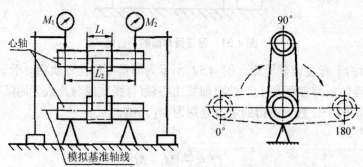

图 4.54　测量线对线的平行度

在 0°～180° 范围内按上述方法测量若干个不同角度位置,取各测量位置所对应的 f 值中最大值,作为该零件的平行度误差。

也可仅在相互垂直的两个方向测量，此时平行度误差为

$$f = \frac{L_1}{L_2}\sqrt{(M_{1V} - M_{2V})^2 + (M_{1H} - M_{2H})^2} \tag{4-2}$$

式中：V、H——相互垂直的测位符号。

测量时应选用可胀式心轴或与孔无间隙配合的心轴。

7. 垂直度误差检测

垂直度误差常采用转换成平行度误差的方法进行检测。如图 4.55 所示的零件，测量上面孔轴线相对于左侧面孔的垂直度误差。基准轴线和被测轴线由心轴模拟，转动基准心轴，在测量距离为 L_2 的两个位置上测得的数值分别是 M_1 和 M_2，则 L_1 长度上的垂直度误差 $f = \frac{L_1}{L_2}|M_1 - M_2|$。测量时被测心轴应选用可胀式心轴或与孔成无间隙配合的心轴，而基准心轴应选用可转动但配合间隙小的心轴。

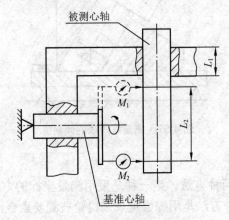

图 4.55　测量线对线的垂直度

8. 倾斜度误差检测

倾斜度误差的检测也可转换成平行度误差的检测，只要加一个定角座或定角套即可。如图 4.56 所示，测量零件面对面的倾斜度误差。将被测零件放置在定角座上，调整被测件，使指示器在整个被测表面的示值差为最小值，取指示器的最大与最小示值之差作为该零件的倾斜度误差。定角座可用正弦规(或精密转台)代替。

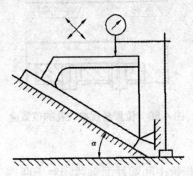

图 4.56　测量面对面的倾斜度

如图 4.57 所示，测量零件线对线的倾斜度误差。调整平板处于水平位置，并用心轴模拟被测轴线。调整被测零件，使心轴的右侧处于最高位置。用水平仪在心轴和平板上测得的示值分别为 A_1、A_2。

倾斜度误差为

$$f = |A_1 - A_2| \cdot i \cdot L \tag{4-3}$$

式中：i——水平仪分度值。

测量时应选用可胀式心轴或与孔成无间隙配合的心轴。

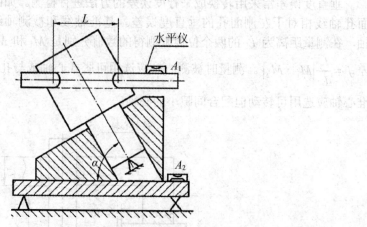

图 4.57　测量线对线的倾斜度

9. 位置度误差检测

位置度误差的检测有两种方法。第一种是采用测量坐标的方法测出实际位置尺寸，与理论正确尺寸比较；第二种方法是用综合量规来检验被测要素合格与否。如图 4.58 所示，量规应能通过被测零件，并与被测零件的基准面相接触。

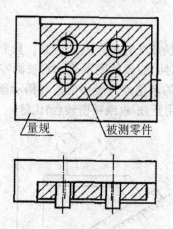

图 4.58　位置量规检验孔的位置度

10. 同轴度误差检测

如图 4.59 所示的零件，测量中间圆柱面轴线相对于两端公共基准轴线的同轴度误差。以两基准圆柱面中部的中心点连线作为公共基准轴线，将零件放置在两个等高的刃口状 V

形架上，将两只指示器分别在铅垂轴截面调零。

(1) 在轴向测量，取指示器在垂直基准轴线的正截面上测得各对应点的示值差值$|M_a - M_b|$作为该截面上的同轴度误差。

(2) 按上述方法在若干截面内测量，取各截面测得的示值之差中的最大值(绝对值)作为该零件的同轴度误差。

此方法适用于测量形状误差较小的零件。

11. 对称度误差检测

对称度误差的检测要找出被测中心要素离开基准中心要素的最大距离，以其两倍值定为对称度误差。

如图 4.60 所示，测量零件对称度误差。将零件放在平板上，测量被测表面与平板之间的距离。将零件翻转后，测量另一被测表面与平板之间的距离，取测量截面内对应两测点的最大差值作为对称度误差。

对称度误差是在被测要素全长上进行多对应点测量，取对应点差值的最大值作为对称度误差值。

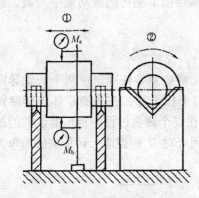

图 4.59　用两只指示器测量同轴度

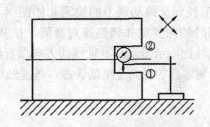

图 4.60　测量面对面的对称度

12. 圆跳动误差检测

(1) 径向圆跳动误差的检测。如图 4.61 所示，基准轴线由 V 形架模拟，被测零件支承在 V 形架上，并轴向定位。

① 在被测零件回转一周过程中，指示器示值的最大差值为单个测量平面上的径向圆跳动误差。

② 按上述方法测量若干个截面，取各截面上测得的跳动量中的最大差值，作为该零件的径向圆跳动误差。

(2) 轴向圆跳动误差的检测。如图 4.62 所示，将被测零件支承在 V 形架上，并在轴向固定。

① 在被测零件回转一周过程中，指示器示值的最大差值为单个测量圆柱面上的轴向圆跳动误差。

② 按上述方法测量若干个圆柱面，取各测量圆柱面上测得的跳动量中的最大差值，作为该零件的轴向圆跳动误差。

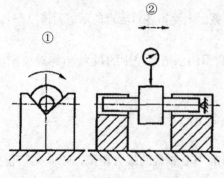

图 4.61　测量径向圆跳动

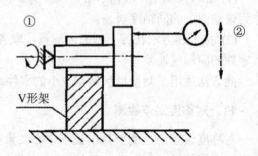

图 4.62　测量轴向圆跳动

(3) 斜向圆跳动误差的检测。如图 4.63 所示，将被测零件固定在导向套筒内，并在轴向固定。

① 在被测零件回转一周过程中，指示器示值的最大差值为单个测量圆锥面上的斜向圆跳动误差。

② 按上述方法测量若干个圆锥面，取各测量圆锥面上测得的跳动量中的最大差值，作为该零件的斜向圆跳动误差。

13．全跳动误差检测

(1) 径向全跳动误差的检测。如图 4.64 所示，将被测零件固定在两个同轴导向套筒内，同时轴向固定并调整该对套筒，使其同轴并与平板平行。在被测零件连续回转过程中，同时让指示器沿基准轴线的方向做直线运动，在整个测量过程中指示器读数的最大差值为所测零件的径向全跳动误差。基准轴线也可以用一对 V 形架或一对顶尖的简单方法来体现。

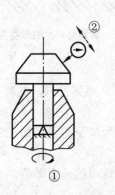

图 4.63　测量斜向圆跳动

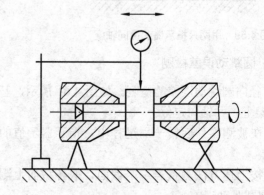

图 4.64　测量径向全跳动

(2) 轴向全跳动误差的检测。如图 4.65 所示，将被测零件支承在导向套筒内，并在轴向固定。导向套筒的轴线应与平板垂直。在被测零件连续回转过程中，指示器沿其径向做直线移动，在整个测量过程中指示器读数的最大差值为所测零件的轴向全跳动误差。基准轴线也可以用 V 形架等简单方法来体现。

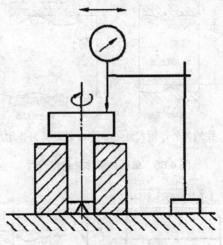

图 4.65　测量轴向全跳动

4.4　公　差　原　则

为了实现互换性，保证其功能要求，在零件设计时，对某些被测要素有时要同时给定尺寸公差和几何公差，这就产生了如何处理两者之间关系的问题。公差原则就是处理尺寸公差和几何公差关系的基本原则。公差原则的国家标准包括 GB/T 4249—2009《产品几何技术规范(GPS)　公差原则》和 GB/T 16671—2009《产品几何技术规范(GPS)　几何公差最大实体要求、最小实体要求和可逆要求》。

国家标准 GB/T 4249—2009 规定了几何公差与尺寸公差之间的关系。公差原则分为独立原则和相关要求。相关要求又分包容要求、最大实体要求和最小实体要求。

4.4.1　有关术语与定义

1. 作用尺寸

作用尺寸可分为体外作用尺寸和体内作用尺寸。

1) 体外作用尺寸

指在被测要素的给定长度上，与实际内表面体外相接的最大理想面，或与实际外表面体外相接的最小理想面的直径或宽度。对于单一要素，实际内、外表面的体外作用尺寸分别用 D_{fe}、d_{fe} 表示，如图 4.66 所示。对于关联要素，实际内、外表面的体外作用尺寸分别用 D'_{fe}、d'_{fe} 表示，如图 4.67 所示，$\phi d'_{fe}$ 为轴的体外作用尺寸。

2) 体内作用尺寸

指在被测要素的给定长度上，与实际内表面体内相接的最小理想面或与实际外表面体内相接的最大理想面的直径或宽度。对于单一要素，实际内、外表面的体内作用尺寸分别用 D_{fi}、d_{fi} 表示，如图 4.68 所示。对于关联要素，实际内、外表面的体内作用尺寸分别用 D'_{fi}、d'_{fi} 表示，如图 4.69 所示，$\phi d'_i$ 为轴的体内作用尺寸。

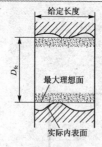
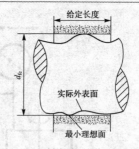

(a) 孔的体外作用尺寸   (b) 轴的体外作用尺寸

图 4.66 单一要素体外作用尺寸

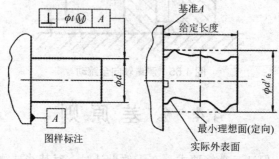

(a) 图样标注   (b) 轴的体外作用尺寸

图 4.67 关联要素体外作用尺寸

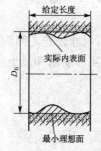
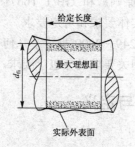

(a) 孔的体内作用尺寸   (b) 轴的体内作用尺寸

图 4.68 单一要素体内作用尺寸

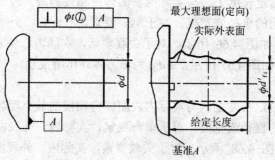

(a) 图样标注   (b) 轴的体内作用尺寸

图 4.69 关联要素体内作用尺寸

2．实体状态和实体实效状态

1) 最大、最小实体状态

最大实体状态(MMC)是实际要素在给定长度上处处位于尺寸极限之内，并具有实体最大(占有材料量最多)时的状态。最大实体尺寸(MMS)是实际要素在最大实体状态下的极限尺寸。对于外表面为上极限尺寸，对于内表面为下极限尺寸，如图 4.70 所示。

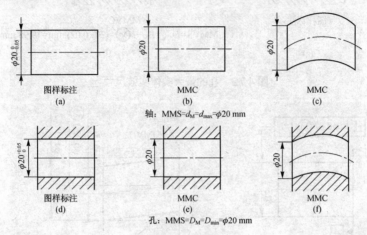

图 4.70　最大实体尺寸

最小实体状态(LMC)是实际要素在给定长度上处处位于尺寸极限之内，并具有实体最小(占有材料量最少)时的状态。最小实体尺寸(LMS)是实际要素在最小实体状态下的极限尺寸。对于外表面为下极限尺寸，对于内表面为上极限尺寸，如图 4.71 所示。

2) 实体实效状态

最大实体实效状态(MMVC)是在给定长度上，实际要素处于最大实体状态，且其导出要素的形状或位置误差等于给出公差值时的综合极限状态。最大实体实效尺寸(MMVS)是最大实体实效状态下的体外作用尺寸。对于内表面(孔)为最大实体尺寸减去几何公差值(加注符号 Ⓜ 的)，如图 4.72 所示；对于外表面(轴)为最大实体尺寸加几何公差值(加注符号 Ⓜ 的)，如图 4.73 所示。

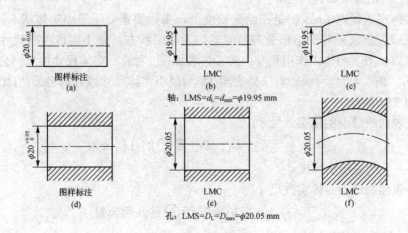

图 4.71　最小实体尺寸

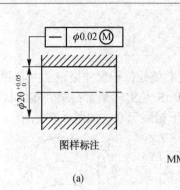
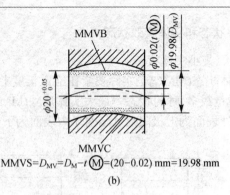

图样标注

(a)

MMVS=D_{MV}=D_M-t Ⓜ=(20-0.02) mm=19.98 mm

(b)

图 4.72　孔的最大实体实效尺寸

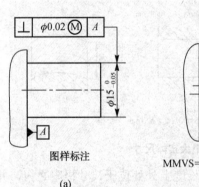
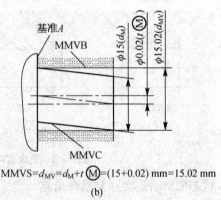

图样标注

(a)

MMVS=d_{MV}=d_M+t Ⓜ=(15+0.02) mm=15.02 mm

(b)

图 4.73　轴的最大实体实效尺寸

孔或内表面的最大实体实效尺寸：

$$D_{MV}=D_M-带 Ⓜ 的几何公差 \tag{4-4}$$

式中：D_M——孔的最大实体尺寸。

轴或外表面的最大实体实效尺寸：

$$d_{MV}=d_M+带 Ⓜ 的几何公差 \tag{4-5}$$

式中：d_M——轴的最大实体尺寸。

最小实体实效状态(LMVC)是在给定长度上，实际要素处于最小实体状态，且其导出要素的形状或位置误差等于给出公差值时的综合极限状态。最小实体实效尺寸(LMVS)是最小实体实效状态下的体内作用尺寸。对于内表面(孔)为最小实体尺寸加几何公差值(加注符号Ⓛ的)，如图 4.74 所示；对于外表面(轴)为最小实体尺寸减几何公差值(加注符号Ⓛ的)，如图 4.75 所示。

孔或内表面的最小实体实效尺寸：

$$D_{LV}=D_L+带 Ⓛ 的几何公差 \tag{4-6}$$

式中：D_L——孔的最小实体尺寸。

轴或外表面的最小实体实效尺寸：

$$D_{LV}=d_L-带 Ⓛ 的几何公差 \tag{4-7}$$

式中：d_L——轴的最小实体尺寸。

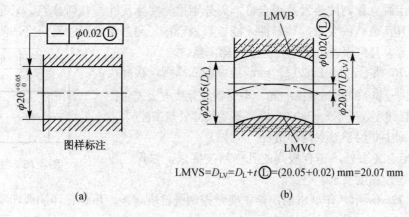

图 4.74　孔的最小实体实效尺寸

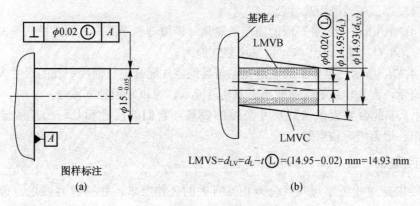

图 4.75　轴的最小实体实效尺寸

3. 边界

边界为由设计给定的具有理想形状的极限包容面。边界的尺寸为极限包容面的直径或距离。

(1) 最大实体边界(MMB)：尺寸为最大实体尺寸的边界。

(2) 最小实体边界(LMB)：尺寸为最小实体尺寸的边界。

(3) 最大实体实效边界(MMVB)：尺寸为最大实体实效尺寸的边界。

(4) 最小实体实效边界(LMVB)：尺寸为最小实体实效尺寸的边界。

4.4.2　公差原则

1. 独立原则

独立原则是指图样上给定的每一个尺寸和形状、位置要求均是独立的，应分别满足要求。实际要素的尺寸由尺寸公差控制，与几何公差无关；几何误差由几何公差控制，与尺寸公差无关。对尺寸和形状、尺寸与位置之间的相互关系有特定要求的，应在图样上规定。

图样上的绝大多数公差遵守独立原则。采用独立原则标注时，尺寸和几何公差值后面不需加注特殊符号。独立原则的适用范围较广，是尺寸公差和几何公差相互关系遵循的基本原则。

判断采用独立原则的要素是否合格，需分别检测实际尺寸与几何公差。只有同时满足尺寸公差和几何公差的要求，该零件才能被判为合格。通常实际尺寸用两点法测量，如千分尺、卡尺等，几何误差用通用量具或仪器测量。

如图 4.76 所示，尺寸 $\phi 20_{-0.021}^{0}$ mm 遵循独立原则，实际尺寸的合格范围是 $\phi 19.979$mm～$\phi 20$mm，不受轴线直线度公差带控制；轴线的直线度误差不大于 $\phi 0.01$mm，不受尺寸公差带控制。

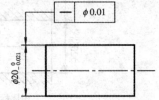

图 4.76　独立原则

独立原则主要用于以下两种情况。

(1) 除配合要求外，还有极高的几何精度要求，以保证零件的运转与定位精度要求。

如图 4.77(a)所示，印刷机的滚筒主要是控制圆柱度误差，以保证印刷或印染时接触均匀，使图文或花样清晰，而滚筒直径 d 的大小对印刷或印染品质并无影响。采用独立原则，可使圆柱度公差较严而尺寸公差较宽。

如图 4.77(b)所示，测量平板的功能是测量时模拟理想平面，主要是控制平面度误差，而厚度 l 的大小对功能并无影响，可采用独立原则。

如图 4.77(c)所示，箱体上的通油孔不与其他零件配合，只需控制孔的尺寸大小就能保证一定的流量，而孔轴线的弯曲并不影响功能要求，可以采用独立原则。

(2) 对于非配合要素或未注尺寸公差的要素，它们的尺寸和几何公差应遵循独立原则，如倒角、退刀槽、轴肩等。

2．相关要求

相关要求是尺寸公差与几何公差相互有关的公差要求，包括包容要求、最大实体要求、最小实体要求、可逆要求。

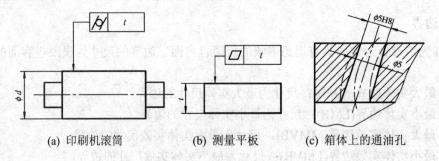

(a) 印刷机滚筒　　　　　(b) 测量平板　　　　(c) 箱体上的通油孔

图 4.77　独立原则标注示例

1) 包容要求

包容要求适用于单一要素，如圆柱表面或两平行表面。包容要求表示实际要素应遵守其最大实体边界，其局部实际尺寸不得超过最小实体尺寸。当被测实际要素偏离最大实体状态时，尺寸公差富余的量被用于补偿形状公差，当被测实际要素为最小实体状态时，形状公差获得最大补偿量。

在使用包容要求的情况下，图样上所标注的尺寸公差具有控制尺寸误差和形状误差的双重职能。采用包容要求的合格条件为：轴或孔的体外作用尺寸不得超过最大实体尺寸，局部实际尺寸不得超过最小实体尺寸，即

对于轴：

$$d_{fe} \leqslant d_M = d_{max} , \quad d_a \geqslant d_L = d_{min}$$

对于孔：

$$D_{fe} \geqslant D_M = D_{min} , \quad D_a \leqslant D_L = D_{max}$$

采用包容要求的单一要素应在尺寸极限偏差或公差带代号之后加注符号"Ⓔ"，如图 4.78(a)所示，形状公差 t 与尺寸公差 $T_h(T_s)$ 的关系可以用动态公差图表示，如图 4.78(b)所示，图形形状为直角三角形。图 4.78 中，圆柱表面必须在最大实体边界内，该边界的尺寸为最大实体尺寸 $\phi20$ mm，其局部实际尺寸不得小于 19.979mm。

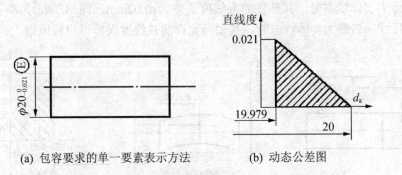

(a) 包容要求的单一要素表示方法　　　　(b) 动态公差图

图 4.78　包容要求的单一要素表示方法与动态公差图

采用包容要求主要是为了保证配合性质，特别是配合公差较小的精密配合。用最大实体边界综合控制实际尺寸和形状误差，以保证必要的最小间隙(保证能自由装配)。用最小实体尺寸控制最大间隙，从而达到所要求的配合性质，如回转轴的轴颈和滑动轴承的配合、滑动套筒和孔的配合、滑块和滑块槽的配合等。

2) 最大实体要求

最大实体要求适用于导出要素。最大实体要求是控制被测要素的实际轮廓处于其最大实体实效边界之内的一种公差要求。当其实际尺寸偏离最大实体尺寸时，允许其几何误差值超出其给出的公差值，即几何公差得到补偿，其补偿量来自尺寸公差，当被测实际要素为最小实体状态时，几何公差获得最大补偿量。

最大实体要求的符号为"Ⓜ"。当应用于被测要素时，应在被测要素几何公差框格中的公差值后标注符号"Ⓜ"；当应用于基准要素时，应在几何公差框格内的基准字母代号后标注符号"Ⓜ"。

最大实体要求是在装配互换性基础上建立起来的，主要应用在要求装配互换性的场合，常用于对零件精度(尺寸精度、几何精度)低、配合性质要求不严，但要求可自由装配的零件。

(1) 最大实体要求应用于被测要素。最大实体要求应用于被测要素时，被测要素的实际轮廓在给定的长度上处处不得超出最大实体实效边界，即其体外作用尺寸不应超出最大实体实效尺寸，且其局部实际尺寸不得超出最大实体尺寸和最小实体尺寸，即

对于轴：

$$d_{fe} \leqslant d_{MV} = d_{max} + t, \quad d_L(d_{min}) \leqslant d_a \leqslant d_M(d_{max})$$

对于孔:

$$D_{fe} \geq D_M = D_{min} - t, \quad D_L(D_{max}) \geq D_a \geq D_M(D_{min})$$

最大实体要求应用于被测要素时,被测要素的几何公差值是在该要素处于最大实体状态时给出的。当被测要素的实际轮廓偏离其最大实体状态,即其实际尺寸偏离最大实体尺寸时,几何误差值可超出在最大实体状态下给出的几何公差值,即此时的几何公差值可以增大。

图 4.79(a)表示轴 $\phi 30^{0}_{-0.03}$ mm 的轴线的直线度公差采用最大实体要求;图 4.79(b)表示当该轴处于最大实体状态时,其轴线的直线度公差为 $\phi 0.02$mm;图 4.79(c)为动态公差图,当轴的实际尺寸偏离最大实体状态时,其轴线允许的直线度误差可相应地增大。

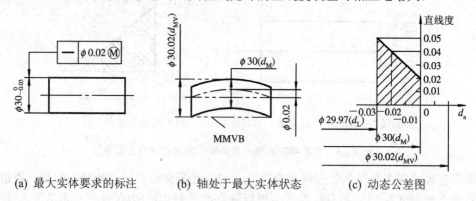

(a) 最大实体要求的标注　　(b) 轴处于最大实体状态　　(c) 动态公差图

图 4.79　最大实体要求应用于被测要素示例

该轴应满足下列要求。

① 轴的任一局部实际尺寸在 29.97～30mm。

② 实际轮廓不超出最大实体实效边界,最大实体实效尺寸为

$$d_{MV} = d_M + t = (30 + 0.02)\text{mm} = 30.02\text{mm}$$

③ 当该轴处于最小实体状态时,其轴线的直线度误差允许达到最大值,即尺寸公差值全部补偿给直线度公差,允许直线度误差为(0.02+0.03)mm =0.05mm。

(2) 零几何公差。当被测要素采用最大实体要求,给出的几何公差值为零时,称为零几何公差。用"0Ⓜ"表示。零几何公差是最大实体要求的特殊情况,较最大实体要求更为严格。

关联要素采用最大实体要求的零几何公差标注时,要求其实际轮廓处处不得超越最大实体边界,且该边界应与基准保持图样上给定的几何关系,要素实际轮廓的局部实际尺寸不得超越最小实体尺寸。

图 4.80(a)表示孔 $\phi 50^{+0.13}_{+0.08}$ mm 的轴线对 A 基准的垂直度公差采用最大实体要求的零几何公差。

该孔应满足下列要求。

① 实际尺寸在 $\phi 49.92$mm～$\phi 50.13$mm。

② 实际轮廓不超出关联最大实体边界,即其关联体外作用尺寸不小于最大实体尺寸 $d_M = 49.92$mm。

③ 当该孔处于最大实体状态时,其轴线对 A 基准的垂直度误差值应为零,如

图 4.80(b)所示。当该孔处于最小实体状态时，其轴线对 A 基准的垂直度误差允许达到最大值，即孔的尺寸公差值 $\phi0.21$mm。图 4.80(c)给出了表达上述关系的动态公差图。

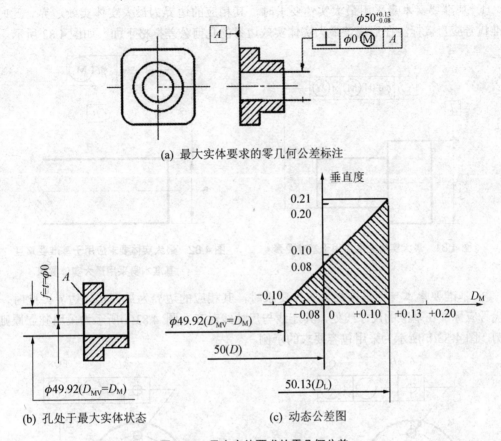

(a) 最大实体要求的零几何公差标注

(b) 孔处于最大实体状态　　　　　(c) 动态公差图

图 4.80　最大实体要求的零几何公差

(3) 最大实体要求应用于基准要素。最大实体要求应用于基准要素时，基准要素应遵守相应的边界。若基准要素的实际轮廓偏离其相应的边界，即其体外作用尺寸偏离其相应的边界尺寸，则允许基准要素在一定范围内浮动，其浮动范围等于基准要素的体外作用尺寸与其相应的边界尺寸之差。

如图 4.81 所示，最大实体要求应用于 $\phi15_{-0.05}^{0}$ mm 的轴线的同轴度公差，并同时应用于基准要素。

被测轴应满足下列要求。

① 实际尺寸在 $\phi14.95$mm～$\phi15$mm；

② 实际轮廓不超出关联最大实体实效边界，即其关联体外作用尺寸不大于关联最大实体实效尺寸 $d_{MV}=d_{M}+t=(15+0.04)$mm$=\phi15.04$。

当被测轴处于最小实体状态时，其轴线对于 A 基准轴线的同轴度误差允许达到最大值，即等于图样给出的同轴度公差 $\phi0.04$mm 与轴的尺寸公差 $\phi0.05$mm 之和 $\phi0.09$mm。

当 A 基准的实际轮廓处于最大实体边界上，即其体外作用尺寸等于最大实体尺寸($d_{M}=\phi25$mm)时，基准轴线不能浮动。当 A 基准的实际轮廓偏离最大实体边界，即其体外作用尺寸偏离最大实体尺寸时，基准轴线可以浮动。当其体外作用尺寸等于最小实体尺寸($d_{L}=$

$\phi24.95mm)$时，其浮动范围达到最大值$\phi0.05mm$。

基准要素应遵守相应的边界又分为以下两种情况。

① 基准要素本身采用最大实体要求时，其相应的边界为最大实体实效边界。此时，基准代号应直接标注在形成该最大实体实效边界的几何公差框格下面，如图 4.82 所示。

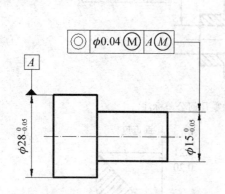

图 4.81　最大实体要求应用于基准要素

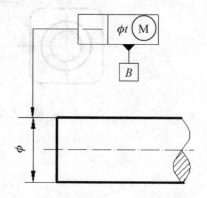

图 4.82　最大实体要求应用于基准要素且基准本身采用最大实体要求

② 基准要素本身不采用最大实体要求时，其相应的边界为最大实体边界。此时，基准代号应标注在基准的尺寸线处，其连线与尺寸线对齐。图 4.83(a)所示为采用独立原则的示例，图 4-83(b)所示为采用包容要求的示例。

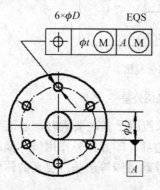

(a) 基准要素遵守独立原则

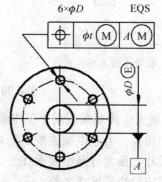

(b) 基准要素遵守包容要求

图 4.83　最大实体要求应用于基准要素且基准本身不采用最大实体要求

3) 最小实体要求

最小实体要求适用于导出要素。最小实体要求是控制被测要素的实际轮廓处于其最小实体实效边界之内的一种公差要求。当其实际尺寸偏离最小实体尺寸时，允许其几何误差值超出其给出的公差值，即几何公差得到补偿，其补偿量来自尺寸公差，当被测实际要素为最大实体状态时，形状公差获得最大补偿量。

最小实体要求的符号为“Ⓛ”。当应用于被测要素时，应在被测要素几何公差框格中的公差值后标注符号“Ⓛ”；当应用于基准要素时，应在几何公差框格内的基准字母代号后标注符号“Ⓛ”。

最小实体要求主要用于需要保证最小壁厚处(如空心的圆柱凸台、带孔的小垫圈等)的导出要素，一般是中心轴线的位置度、同轴度等。

(1) 最小实体要求应用于被测要素。最小实体要求应用于被测要素时，被测要素的实际轮廓在给定的长度上处处不得超出最小实体实效边界，即其体内作用尺寸不应超出最小实体实效尺寸，且其局部实际尺寸不得超出最大实体尺寸和最小实体尺寸，即

对于轴：

$$d_{fi} \geq d_{LV} = d_{min} - t, \quad d_L(d_{min}) \leq d_a \leq d_M(d_{max})$$

对于孔：

$$D_{fi} \leq D_M = D_{max} + t, \quad D_L(D_{max}) \geq D_a \geq D_M(D_{min})$$

最小实体要求应用于被测要素时，被测要素的几何公差值是在该要素处于最小实体状态时给出的。当被测要素的实际轮廓偏离其最小实体状态，即其实际尺寸偏离最小实体尺寸时，几何误差值可超出在最小实体状态下给出的几何公差值，即此时的几何公差值可以增大。

图 4.84(a)表示轴 $\phi 30_{-0.03}^{0}$ mm 的轴线的直线度公差采用最小实体要求；图 4.84(b)表示当该轴处于最小实体状态时，其轴线的直线度公差为 0.02mm；动态公差图 4.84(c)为动态公差图，当轴的实际尺寸偏离最小实体状态时，其轴线允许的直线度误差可相应地增大。

该轴应满足下列要求。

① 轴的任一局部实际尺寸在 $\phi 29.97$mm～$\phi 30$mm 之间。

② 实际轮廓不超出最小实体实效边界，最小实体实效尺寸为 $d_{LV} = d_L - t = (29.97 - 0.02)$mm= 29.95mm。

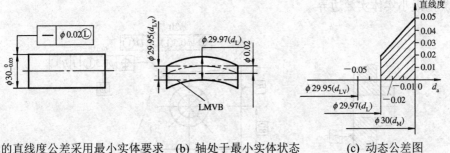

(a) 轴线的直线度公差采用最小实体要求　(b) 轴处于最小实体状态　(c) 动态公差图

图 4.84　最小实体要求应用于被测要素

③ 当该轴处于最大实体状态时，其轴线的直线度误差允许达到最大值，即尺寸公差值全部补偿给直线度公差，允许直线度误差为 $\phi 0.02$mm+$\phi 0.03$mm =$\phi 0.05$mm。

(2) 零几何公差。当给出的几何公差值为零时，则为零几何公差。此时，被测要素的最小实体实效边界等于最小实体边界，最小实体实效尺寸等于最小实体尺寸。

图 4.85(a)表示孔 $\phi 8_{0}^{+0.65}$ mm 的轴线对 A 基准的位置度公差采用最小实体要求的零几何公差。该孔应满足下列要求。

① 实际尺寸不小于 $\phi 8$mm。

② 实际轮廓不超出关联最小实体边界，即其关联体内作用尺寸不大于最小实体尺寸 $D_L = 8.65$mm。

③ 当该孔处于最小实体状态时，其轴线对 A 基准的位置度误差应为零，如图 4.85(b)

所示。当该孔处于最大实体状态时，其轴线对 A 基准的位置度误差允许达到最大值，即孔的尺寸公差为 $\phi0.65\text{mm}$。图 4.85(c)给出了表达上述关系的动态公差图。

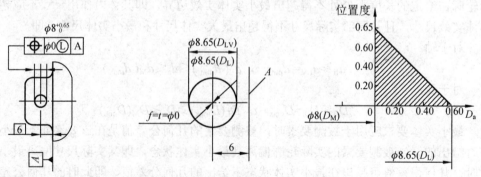

(a) 采用最小实体要求的零几何公差　(b) 孔处于最大实体状态　(c) 动态公差图

图 4-85　最小实体要求的零几何公差

(3) 最小实体要求应用于基准要素。最小实体要求应用于基准要素时，基准要素应遵守相应的边界。若基准要素的实际轮廓偏离相应的边界，即其体内作用尺寸偏离相应的边界尺寸，则允许基准要素在一定范围内浮动，其浮动范围等于基准要素的体内作用尺寸与相应边界尺寸之差。

① 基准要素本身采用最小实体要求时，相应的边界为最小实体实效边界。此时，基准代号应直接标注在形成该最小实体实效边界的几何公差框格下面，如图 4.86 所示，D 基准的边界为最小实体实效边界。

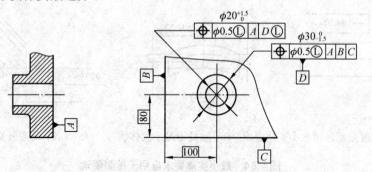

图 4.86　最小实体要求应用于基准要素

② 基准要素本身不采用最小实体要求时，相应的边界为最小实体边界，如图 4-87 所示，A 基准的边界为最小实体边界。

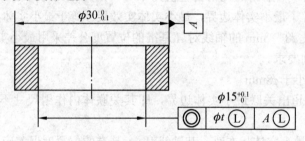

图 4.87　基准要素不采用最小实体要求

4) 可逆要求

采用最大实体要求与最小实体要求时，只允许将尺寸公差补偿给几何公差。有了可逆要求，可以逆向补偿，即当被测要素的几何误差值小于给出的几何公差值时，允许在满足功能要求的前提下扩大尺寸公差。

可逆要求仅适用于导出要素，即轴线或中心平面。可逆要求通常与最大实体要求和最小实体要求连用，不能独立使用。

可逆要求标注时在 Ⓜ、Ⓛ 后面加注 Ⓡ，此时被测要素应遵循最大实体实效边界或最小实体实效边界。

(1) 可逆要求用于最大实体要求。被测要素的实际轮廓应遵守其最大实体实效边界，即其体外作用尺寸不超出最大实体实效尺寸。当实际尺寸偏离最大实体尺寸时，允许其几何误差超出给定的几何公差值。在不影响零件功能的前提下，当被测轴线或中心平面的几何误差值小于在最大实体状态下给出的几何公差值时，允许实际尺寸超出最大实体尺寸，即允许相应的尺寸公差增大，但最大可能允许的超出量为几何公差。

可逆要求用于最大实体要求的合格条件为：轴或孔的体外作用尺寸不得超过最大实体实效尺寸，局部实际尺寸不得超过最小实体尺寸，即

对于轴：
$$d_{fe} \leqslant d_{MV} = d_{max} + t ,$$
$$d_L(d_{min}) \leqslant d_a \leqslant d_{MV}(d_{max} + t)$$

对于孔：
$$D_{fe} \geqslant D_M = D_{min} - t ,$$
$$D_L(D_{max}) \geqslant D_a \geqslant D_{MV}(D_{min} - t)$$

可逆要求用于最大实体要求的示例如图 4.88 所示。外圆 $\phi20_{-0.1}^{0}$ mm 的轴线对基准端面 D 的垂直度公差为 $\phi0.2$mm，同时采用了最大实体要求和可逆要求。

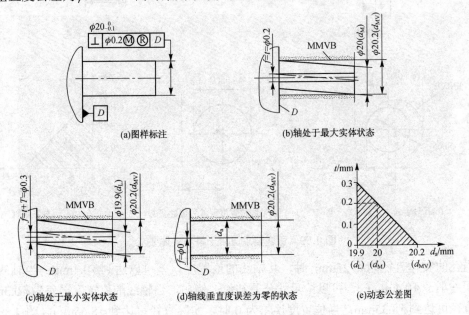

(a)图样标注　　(b)轴处于最大实体状态
(c)轴处于最小实体状态　　(d)轴线垂直度误差为零的状态　　(e)动态公差图

图 4.88　可逆要求应用于最大实体要求

当轴的实体直径为 $\phi 20$mm 时，垂直度公差为 $\phi 0.2$mm；当轴的实际直径偏离最大实体尺寸为 $\phi 19.9$mm 时，偏离量可补偿给垂直度误差为 $\phi 0.3$mm；当轴线相对基准 D 的垂直度小于 $\phi 0.2$mm 时，可以给尺寸公差补偿。例如，当轴线的垂直度误差为 $\phi 0.1$mm 时，实际直径可达到 $\phi 20.1$mm；当垂直度误差为 0 时，轴的实际尺寸可达到 $\phi 20.2$mm。图 4.88(e)为上述关系的动态公差图。

(2) 可逆要求用于最小实体要求。被测要素的实际轮廓受最小实体实效边界控制。

可逆要求用于最小实体要求的合格条件为：轴或孔的体内作用尺寸不得超过最小实体实效尺寸，局部实际尺寸不得超过最大实体尺寸，即

对于轴：
$$d_{fi} \geqslant d_{LV} = d_{min} - t ,$$
$$d_{LV}(d_{min} - t) \leqslant d_a \leqslant d_M(d_{max})$$

对于孔：
$$D_{fi} \leqslant D_M = D_{max} + t ,$$
$$D_{LV}(D_{max} + t) \geqslant D_a \geqslant D_M(D_{min})$$

可逆要求用于最小实体要求的示例如图 4.89 所示。孔 $\phi 8_0^{0.25}$mm 的轴线对基准端面 A 的位置度公差为 $\phi 0.4$mm，同时采用了最小实体要求和可逆要求。

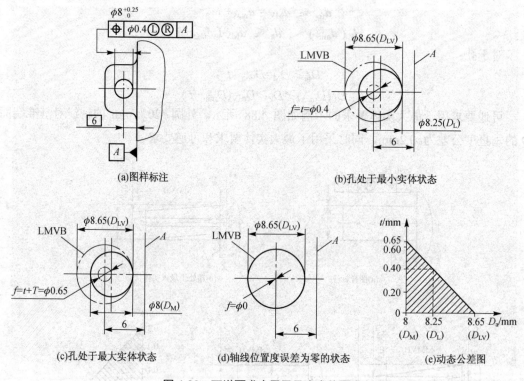

图 4.89 可逆要求应用于最小实体要求

当孔的实体直径为 $\phi 8.25$mm 时，其轴线的位置度误差可以达到 $\phi 0.4$mm；当轴线的位置度误差小于 $\phi 0.4$mm 时，可以给尺寸公差补偿。例如，当轴线的位置度误差为 $\phi 0.3$mm，实际直径可达到 $\phi 8.35$mm；当位置度误差为 0 时，实际直径可达到 $\phi 8.65$mm。图 4.89(e)为

上述关系的动态公差图。

最后指出，采用相关要求的零件在生产实际中一般是用量规检验的。采用包容要求的零件用极限量规检验；采用最大、最小实体要求及可逆要求的零件用位置量规检验。

4.5 几何公差的选择

零部件的几何误差对机器的正常使用有很大的影响，合理、正确地选择几何公差对保证机器的功能要求，提高经济效益是十分重要的。几何公差的选择主要包括选择公差项目、基准、公差原则、公差数值(公差等级)等。

4.5.1 几何公差项目的选择

选择几何公差项目的基本原则：在保证零件使用功能的前提下，尽量减少几何公差项目的数量，并尽量简化控制几何误差的方法。选择时，主要考虑以下几个方面。

1. 零件的几何特征

零件加工误差出现的形式与零件的几何特征有密切联系，零件要素的几何特征是选择几何公差项目的主要依据。例如，圆柱形零件会出现圆柱度误差，平面零件会出现平面度误差，凸轮类零件会出现轮廓度误差，阶梯轴、孔会出现同轴度误差，键槽会出现对称度误差，等等。

2. 零件的功能要求

几何误差对零件的功能有不同的影响，一般只对零件功能有显著影响的误差项目才规定合理的几何公差。设计时应尽量减少几何公差项目标注，对于那些对零件使用性能影响不大，并能够由尺寸公差控制的几何误差项目，或使用经济的加工工艺和加工设备能够满足要求时，不必在图样上标注几何公差，即按未注几何公差处理。

选择公差项目应考虑以下几个主要方面。

(1) 保证零件的工作精度。例如，机床导轨的直线度误差会影响导轨的导向精度，使刀架在滑板的带动下做不规则的直线运动，应该对机床导轨规定直线度公差；滚动轴承内、外圈及滚动体的形状误差会影响轴承的回转精度，应对其给出圆度或圆柱度公差；在齿轮箱体中，安装齿轮副的两孔轴线如果不平行，会影响齿轮副的接触精度和齿侧间隙的均匀性，降低承载能力，应对其规定轴线的平行度公差；机床工作台面和夹具定位面都是定位基准面，应规定平面度公差，等等。

(2) 保证联结强度和密封性。例如，气缸盖与缸体之间要求有较好的联结强度和很好的密封性，应对这两个相互贴合的平面给出平面度公差；在孔、轴过盈配合中，圆柱面的形状误差会影响整个结合面上的过盈量，降低联结强度，应规定圆度或圆柱度公差，等等。

(3) 减少磨损，延长零件的使用寿命。例如，在有相对运动的孔、轴间隙配合中，内、外圆柱面的形状误差会影响两者的接触面积，造成零件早期磨损失效，降低零件使用寿命，应对圆柱面规定圆度、圆柱度公差；对滑块等做相对运动的平面，则应给出平面度公差要求，等等。

3．几何公差的控制功能

各项几何公差的控制功能各不相同，有单一控制项目，如直线度、圆度、线轮廓度等也有综合控制项目，如圆柱度、同轴度、位置度及跳动等，选择时应充分考虑它们之间的关系。例如，圆柱度公差可以控制该要素的圆度误差，定向公差可以控制与之有关的形状误差，定位公差可以控制与之有关的定向误差和形状误差，跳动公差可以控制与之有关的定位、定向和形状误差，等等。因此，应该尽量减少图样的几何公差项目，充分发挥综合控制项目的功能。

4．检测的方便性

检测方法是否简便，将直接影响零件的生产效率和成本，所以在满足功能要求的前提下，尽量选择检测方便的几何公差项目。例如，齿轮箱中某传动轴的两支承轴径，根据几何特征和使用要求应当规定圆柱度公差和同轴度公差，但为了测量方便，可规定径向圆跳动(或全跳动)公差代替同轴度公差。

注意：径向圆跳动是同轴度误差与圆柱面形状误差的综合结果，给出的跳动公差值应略大于同轴度公差，否则会要求过严。由于端面全跳动与垂直度的公差带完全相同，当被测表面面积较大时，可用端面全跳动代替垂直度公差，还可用圆度和素线直线度及平行度代替圆柱度，或用径向全跳动代替圆柱度等。

5．参考专业标准

确定几何公差项目要参照有关专业标准的规定。例如，与滚动轴承相配合孔、轴的几何公差项目，在滚动轴承标准中已有规定；单键、花键、齿轮等标准对有关几何公差也都有相应要求和规定。

4.5.2 基准的选择

基准是设计、加工、装配与检验零件被测要素的方向和位置的参考对象。因此，合理选择基准才能保证零件的功能要求和工艺性及经济性。

(1) 根据零件的功能要求和要素间的几何关系、零件的结构特征选择基准。例如，旋转的轴类零件，通常选择与轴承配合的轴颈为基准。

(2) 根据装配关系，选择相互配合、相互接触的表面作为各自的基准，以保证装配要求，如箱体类零件的安装面，盘类零件的端面等。

(3) 从加工、检测角度考虑，应选择在夹具中定位的相应要素为基准，以使工艺基准、测量基准、设计基准统一，消除基准不重合误差。

4.5.3 公差原则的选择

选择公差原则时，应根据被测要素的功能要求，充分考虑公差项目的职能和采取该种公差原则的经济可行性、经济性。表 4.6 列出了常用公差原则的应用场合，可供选择时参考。

表 4.6 常用公差原则的应用场合

公差原则	应用场合	示　例
独立原则	尺寸精度与几何精度需要分别满足	齿轮箱体孔的尺寸精度和两孔轴线的平行度；滚动轴承内、外圈滚道的尺寸精度与形状精度
	尺寸精度与几何精度相差较大	冲模架的下模座尺寸精度要求不高，平行度要求较高；滚筒类零件尺寸精度要求很低，形状精度要求较高
	尺寸精度与几何精度无联系	齿轮箱体孔的尺寸精度与孔轴线间的位置精度；发动机连杆上的尺寸精度与孔轴线间的位置精度
包容要求	保证运动精度	导轨的形状精度要求严格，尺寸精度要求次要
	保证密封性	气缸套的形状精度要求严格，尺寸精度要求次要
	未注公差	凡未注尺寸公差与未注几何公差都采用独立原则，如退刀槽、倒角等
	保证配合性质	配合的孔与轴采用包容要求时，可以保证配合的最小间隙或最大过盈，也常作为基准使用的孔、轴类零件
	尺寸公差与几何公差间无严格比例关系要求	一般的孔与轴配合，只要求作用尺寸不超过最大实体尺寸，局部实际尺寸不超过最小实体尺寸
	保证关联作用尺寸不超过最大实体尺寸	关联要素的孔与轴的性质要求，标注 0
最大实体要求	被测导出要素	保证自由装配(如轴承盖上用于穿过螺钉的通孔，法兰盘上用于穿过螺栓的通孔)，使制造更经济
	基准导出要素	基准轴线或中心平面相对于理想边界的中心允许偏高时，如同轴度的基准轴线
最小实体要求	导出要素	用于满足临界值的设计，以控制最小壁厚，保证最低强度

4.5.4　几何公差值的选择

1. 几何公差等级及数值

国家标准中相关规定如下。

(1) 直线度、平面度、平行度、垂直度、倾斜度、同轴度、对称度、圆跳动、全跳动公差分 1，2，…，12 共 12 级，公差等级按序由高变低，公差值按序递增，如表 4-6～表 4-15 所示。

表 4.7　直线度、平面度公差值

主参数 L/mm	公差等级											
	1	2	3	4	5	6	7	8	9	10	11	12
	公差值/μm											
≤10	0.2	0.4	0.8	1.2	2	3	5	8	12	20	30	60
>10~16	0.25	0.5	1	1.5	2.5	4	6	10	15	25	40	80
>16~25	0.3	0.6	1.2	2	3	5	8	12	20	30	50	100
>25~40	0.4	0.8	1.5	2.5	4	6	10	15	25	40	60	120
>40~63	0.5	1	2	3	5	8	12	20	30	50	80	150
>63~100	0.6	1.2	2.5	4	6	10	15	25	40	60	100	200
>100~160	0.8	1.5	3	5	8	12	20	30	50	80	120	250
>160~250	1	2	4	6	10	15	25	40	60	100	150	300
>250~400	1.2	2.5	5	8	12	20	30	50	80	120	200	400
>400~630	1.5	3	6	10	15	25	40	60	100	150	250	500
>630~1000	2	4	8	12	20	30	50	80	120	200	300	600
>1000~1600	2.5	5	10	15	25	40	60	100	150	250	400	800
>1600~2500	3	6	12	20	30	50	80	120	200	300	500	1000
>2500~4000	4	8	15	25	40	60	100	150	250	400	600	1200
>4000~6300	5	10	20	30	50	80	120	200	300	500	800	1500
>6300~10000	6	12	25	40	60	100	150	250	400	600	1000	2000

主参数 L 图例

表 4.8　直线度和平面度公差等级与表面粗糙度的对应关系

主参数 L/mm	公差等级											
	1	2	3	4	5	6	7	8	9	10	11	12
	表面粗糙度 Ra 值不大于/μm											
≤25	0.025	0.05	0.1	0.1	0.2	0.2	0.4	0.8	1.6	1.6	3.2	6.3
>25~160	0.05	0.1	0.1	0.2	0.2	0.4	0.8	0.8	1.6	3.2	6.3	12.5
>160~1000	0.1	0.2	0.4	0.4	0.8	1.6	1.6	3.2	3.2	6.3	12.5	12.5
>1000~10000	0.2	0.4	0.8	1.6	1.6	3.2	6.3	6.3	12.5	12.5	12.5	12.5

注：6、7、8、9 级为常用的几何公差等级。

表 4.9　直线度和平面度公差等级应用举例

公差等级	应用举例
1、2	用于精密量具、测量仪器及精度要求较高的精密机械零件，如零级样板、平尺、零级宽平尺、工具显微镜等精密测量仪器的导轨面，喷油器针阀体端面平面度，液压泵柱塞套端面的平面度等
3	用于零级及 1 级宽平尺工作面、1 级样板平尺工作面，测量仪器圆弧导轨的直线度、测量仪器的测杆等
4	用于量具、测量仪器和机床的导轨，如 1 级宽平尺及零级平板、测量仪器的 V 形导轨、高精度平面磨床的 V 形导轨和滚动导轨、轴承磨床及平面磨床床身直线度等
5	用于 1 级平板、2 级宽平尺、平面磨床纵导轨、垂直导轨、立柱导轨和平面磨床的工作台、液压龙门刨床导轨面、转塔车床床身导轨面、柴油机进排气门导杆等
6	用于 1 级平板，卧式车床床身导轨面，龙门刨床导轨面，滚齿机立柱导轨，床身导轨及工作台，自动车床床身导轨，平面磨床床身导轨，卧式镗床、铣床工作台及机床主轴箱导轨，柴油机进气门导杆直线度，柴油机机体上部结合面等
7	用于 2 级平板、0.02 游标卡尺尺身的直线度、机床主轴箱箱体、滚齿机床身导轨的直线度、镗床工作台、摇臂钻底座的工作台、柴油机气门导杆、液压泵盖的平面度，压力机导轨及滑块
8	用于 2 级平板，车床溜板箱体，机床主轴箱体、机床传动箱体、自动车床底座的直线度，气缸盖结合面，气缸座、内燃机连杆分离面的平面度，减速机壳体的结合面
9	用于 3 级平板、机床溜板箱、立钻工作台、螺纹磨床的挂轮架、金相显微镜的载物台、柴油机气缸体连杆的分离面、缸盖的结合面、阀片的平面度、空气压缩机气缸体、柴油机缸孔环的平面度，以及辅助机构及手动机械的支撑面
10	用于 3 级平板、自动车床床身底面的平面度、车床挂轮架的平面度、柴油机气缸体、摩托车的曲轴箱体、汽车变速器的壳体与汽车发动机缸盖的结合面、阀片的平面度，以及液压管件和法兰的连接面
11、12	用于易变形的薄片零件，如离合器的摩擦片、汽车发动机缸盖的结合面等

表 4.10　平行度、垂直度、倾斜度公差值

主参数 L、$d(D)$ /mm	公差等级											
	1	2	3	4	5	6	7	8	9	10	11	12
	公差值/μm											
≤10	0.4	0.8	1.5	3	5	8	12	20	30	50	80	120
>10～16	0.5	1	2	4	6	10	15	25	40	60	100	150
>16～25	0.6	1.2	2.5	5	8	12	20	30	50	80	120	200
>25～40	0.8	1.5	3	6	10	15	25	40	60	100	150	250
>40～63	1	2	4	8	12	20	30	50	80	120	200	300
>63～100	1.2	2.5	5	10	15	25	40	60	100	150	250	400

续表

主参数 L、d(D) /mm	公差等级											
	1	2	3	4	5	6	7	8	9	10	11	12
	公差值/μm											
>100~160	1.5	3	6	12	20	30	50	80	120	200	300	500
>160~250	2	4	8	15	25	40	60	100	150	250	400	600
>250~400	2.5	5	10	20	30	50	80	120	200	300	500	800
>400~630	3	6	12	25	40	60	100	150	250	400	600	1000
>630~1000	4	8	15	30	50	80	120	200	300	500	800	1200
>1000~1600	5	10	20	40	60	100	150	250	400	600	1000	1500
>1600~2500	6	12	25	50	80	120	200	400	500	800	1200	2000
>2500~4000	8	15	30	60	100	150	250	400	600	1000	1500	2500
>4000~6300	10	20	40	80	120	200	300	500	800	1200	2000	3000
>6300~10000	12	25	50	100	150	250	400	600	1000	1500	2500	4000
主参数 L、d(D)图例												

表 4.11 平行度、垂直度和倾斜度公差等级与尺寸公差等级的对应关系

平行度(线对线、面对面)公差等级	3	4	5	6	7	8	9	10	11	12
尺寸公差等级(IT)			3、4	5、6	7、8、9	10、11、12	12、13、14	14、15、16		
垂直度和倾斜度公差等级	3	4	5	6	7	8	9	10	11	12
尺寸公差等级(IT)		5	6、7、8	8、9	10	11、12	12、3	14	15	

注：6、7、8、9 级为常用的几何公差等级，6 级为基本等级。

表 4.12 平行度、垂直度公差等级应用举例

公差等级	面对面平行度应用举例	面对线、线对线应用举例	垂直度应用举例
1	高精度机床、高精度测量仪器及量具等主要基准面和工作面		高精度机床、高精度测量仪器及量具等主要基准面和工作面
2、3	精密机床，精密测量仪器、量具及夹具的基准面和工作面精密机床，精密测量仪器、量具及夹具的基准面和工作面	精密机床上重要箱体主轴孔对基准面及对其他孔的要求精密机床上重要箱体主轴孔对基准面及对其他孔的要求	精密机床导轨，普通机床重要导轨，机床主轴轴向定位面，精密机床主轴肩端面，滚动轴承座圈端面，齿轮测量仪心轴，光学分度头心轴端面，精密刀具、量具工作面和基准面

公差等级	面对面平行度应用举例	面对线、线对线应用举例	垂直度应用举例
4、5	卧式车床，测量仪器、量具的基准面和工作面，高精度轴承座圈、端盖、挡圈的端面	机床主轴孔对基准面要求、重要轴承孔对基准面要求、床头箱体重要孔间要求、齿轮泵的端面等	普通机床导轨，精密机床重要零件，机床重要支承面，普通机床主轴偏摆，测量仪器、刀、量具、液压传动轴瓦端面，刀量具工作面和基准面
6、7、8	一般机床零件的工作面和基准面，一般刀、量、夹具	机床一般轴承孔对基准面的要求，主轴箱一般孔间要求，主轴花键对定心直径要求，刀、量、模具	普通精度机床主要基准面和工作面，回转工作台端面，一般导轨，主轴箱体孔、刀架、砂轮架及工作台回转中心，一般轴肩对其轴线
9、10	低精度零件，重型机械滚动轴承端盖	柴油机和煤气发动机的曲轴孔、轴颈等	花键轴轴肩端面，传动带运输机法兰盘等对端面、轴线，手动卷扬机及传动装置中轴承端面，减速器壳体平面
11、12	零件的非工作面，绞车、运输机上的减速器壳体平面		农业机械齿轮端面

注：① 在满足设计要求的前提下，考虑到零件加工的经济性，对于线对线和线对面的平行度和垂直度公差等级，应选用低于面对面的平行度和垂直度公差等级。

② 使用此表选择面对面平行度和垂直度时，宽度应不大于 1/2 长度；若大于 1/2，则降低一级公差等级选用。

表 4.13　同轴度、对称度、圆跳动和全跳动公差值

主参数 d(D)、B、L /mm	公差等级											
	1	2	3	4	5	6	7	8	9	10	11	12
	公差值/μm											
≤1	0.4	0.6	1.0	1.5	2.5	4	6	10	15	25	40	60
>1～3	0.4	0.6	1.0	1.5	2.5	4	6	10	20	40	60	120
>3～6	0.5	0.8	1.2	2	3	5	8	12	25	50	80	150
>6～10	0.6	1	1.5	2.5	4	6	10	15	30	60	100	200
>10～18	0.8	1.2	2	3	5	8	12	20	40	80	120	250
>18～30	1	1.5	2.5	4	6	10	15	25	50	100	150	300
>30～50	1.2	2	3	5	8	12	20	30	60	120	200	400
>50～120	1.5	2.5	4	6	10	15	25	40	80	150	250	500

续表

主参数 d(D)、B、L /mm	公差等级											
	1	2	3	4	5	6	7	8	9	10	11	12
	公差值/µm											
>120～250	2	3	5	8	12	20	30	50	100	200	300	600
>250～500	2.5	4	6	10	15	25	40	60	120	250	400	800
>500～800	3	5	8	12	20	30	50	80	150	300	500	1000
>800～1250	4	6	10	15	25	40	60	100	200	400	600	1200
>1250～2000	5	8	12	20	30	50	80	120	250	500	800	1500
>2000～3150	6	10	15	25	40	60	100	150	300	600	1000	2000
>3150～5000	8	12	20	30	50	80	120	200	400	800	1200	2500
>5000～8000	10	15	25	40	60	100	150	250	500	1000	1500	3000
>8000～10000	12	20	30	50	80	120	200	300	600	1200	2000	4000

主参数 d(D)、B、L 图例

表 4.14 同轴度、对称度、圆跳动和全跳动公差等级与尺寸公差等级的对应关系

同轴度、对称度、径向圆跳动和径向全跳动公差等级	1	2	3	4	5	6		7	8	9		10	11	12
尺寸公差等级(IT)	2	3	4	5	6	7、8	8、9	10	11、12		12、13		14	15
端面圆跳动、斜向圆跳动、端面全跳动公差等级	1	2	3	4	5	6		7	8	9		10	11	12
尺寸公差等级(IT)	1	2	3	4	5	6	7、8	8、9	10		11、12		12、13	14

注：6、7、8、9级为常用的几何公差等级，7级为基本等级。

表 4.15　同轴度、对称度、跳动公差等级应用举例

公差等级	应用举例
5、6、7	这是应用较广泛的公差等级。用于几何精度要求较高、尺寸公差等级为 IT8 及高于 IT8 的零件。5 级常用于机床轴颈、计量仪器的测量杆、气轮机主轴、柱塞液压泵转子、高精度滚动轴承外圈、一般精度滚动轴承外圈、回转工作台端面跳动。7 级用于内燃机曲轴、凸轮轴、齿轮轴、水泵轴、汽车后轮输出轴、电动机转子、印刷机传墨辊的轴颈、键槽
8、9	常用于几何精度要求一般，尺寸公差等级 IT9～IT11 的零件。8 级用于拖拉机发动机分配轴轴颈、与 9 级精度以下齿轮相配的轴、水泵叶轮、离心泵体、棉花精梳机前后滚子、键槽等。9 级用于内燃机气缸配套合面、自行车中轴

(2) 圆度、圆柱度公差分 0，1，2，…，12 共 13 级，公差等级按序由高变低，公差值按序递增如表 4.16～表 4.18 所示。

表 4.16　圆度、圆柱度公差值

主参数 $d(D)$/mm	公差等级												
	0	1	2	3	4	5	6	7	8	9	10	11	12
	公差值/μm												
≤3	0.1	0.2	0.3	0.5	0.8	1.2	2	3	4	6	10	14	25
>3～6	0.1	0.2	0.4	0.6	1	1.5	2.5	4	5	8	12	18	30
>6～10	0.12	0.25	0.4	0.6	1	1.5	2.5	4	6	9	15	22	36
>10～18	0.15	0.25	0.5	0.8	1.2	2	3	5	8	11	18	27	43
>18～30	0.2	0.3	0.6	1	1.5	2.5	4	6	9	13	21	33	52
>30～50	0.25	0.4	0.6	1	1.5	2.5	4	7	11	16	25	39	62
>50～80	0.3	0.5	0.8	1.2	2	3	5	8	13	19	30	46	74
>80～120	0.4	0.6	1	1.5	2.5	4	6	10	15	22	35	54	87
>120～180	0.6	1	1.2	2	3.5	5	8	12	18	25	40	63	100
>180～250	0.8	1.2	2	3	4.5	7	10	14	20	29	46	72	115
>250～315	1.0	1.6	2.5	4	6	8	12	16	23	32	52	81	130
>315～400	1.2	2	3	5	7	9	13	18	25	36	57	89	140
>400～500	1.5	2.5	4	6	8	10	15	20	27	40	63	97	155
主参数 $d(D)$图例													

表 4.17　圆度和圆柱度公差等级与表面粗糙度的对应关系

主参数 $d(D)$/mm	公差等级												
	0	1	2	3	4	5	6	7	8	9	10	11	12
	表面粗糙度 Ra 值不大于/μm												
≤3	0.00625	0.0125	0.0125	0.025	0.05	0.1	0.2	0.2	0.4	0.8	1.60	3.2	3.2

续表

主参数	公差等级												
$d(D)$/mm	0	1	2	3	4	5	6	7	8	9	10	11	12
	表面粗糙度 Ra 值不大于/μm												
>3～18	0.00625	0.0125	0.025	0.05	0.1	0.2	0.4	0.4	0.8	1.6	3.2	6.3	12.5
>18～120	0.0125	0.025	0.05	0.1	0.2	0.4	0.4	0.8	1.6	3.2	6.3	12.5	12.5
>120～500	0.20	0.05	0.1	0.2	0.4	0.4	0.8	1.6	3.2	6.3	12.5	12.5	12.5

注：7、8、9 级为常用的几何公差等级，7 级为基本等级。

表 4.18　圆度和圆柱度公差等级应用举例

公差等级	应用举例
1	高精度量仪主轴、高精度机床主轴、滚动轴承的滚珠和滚柱等
2	精密量仪主轴、外套、阀套，高压泵柱塞及柱塞套，纺锭轴承，高速柴油机、排气门、精密机床主轴轴颈，针阀圆柱表面，喷油泵柱塞及柱塞套
3	工具显微镜套管外圆，高精度外圆磨床轴承，磨床砂轮主轴套筒，喷油器针阀体，高精度微型轴承内外圈
4	较精密机床主轴，精密机床主轴箱孔，高压阀门活塞、活塞销、阀体孔，工具显微镜顶针，高压液压泵柱塞，较高精度滚动轴承配合轴，铣削动力头箱体孔等
5	一般量仪主轴，测杆外圆，陀螺仪轴颈，一般机床主轴，较精密机床主轴及主轴箱孔，柴油机、汽油机活塞、活塞孔销，铣削动力头轴承座箱体孔，高压空气压缩机十字头销、活塞，较底精度滚动轴承配合轴等
6	仪表端盖外圆、一般机床主轴及箱体孔、中等压力下液压装置工作面(包括泵、压缩机的活塞和气缸)、汽车发动机凸轮轴、纺机锭子、通用减速器轴颈、高速发动机曲轴、拖拉机曲轴主轴颈
7	大功率低速柴油机曲轴、活塞、活塞销、连杆、气缸，高速柴油机箱体孔，千斤顶或压力液压缸活塞，液压传动系统的分配机构，机车传动轴，水泵及一般减速器轴颈
8	低速发动机、减速器、大功率曲柄轴轴颈，压力机连杆盖、体，拖拉机气缸体、活塞、炼胶机冷铸轴辊，印刷机传墨辊，内燃机曲轴，柴油机机体孔、凸轮轴，拖拉机、小型船用柴油机汽缸套
9	空气压缩机缸体，液压传动筒，通用机械杠杆与拉杆用套筒销子，拖拉机活塞环、套筒孔
10	印染机导布辊、绞车、吊车、起重机滑动轴承轴颈等

(3) 对位置度，国家标准只规定了公差值数系，未规定公差等级，如表 4.19 所示。位置度公差值一般与被测要素的类型、联结方式等有关。

位置度常用于控制螺栓和螺钉联结中孔距的位置精度要求，其公差值取决于螺栓(或螺钉)与过孔之间的间隙。设螺栓(或螺钉)的最大直径为 d_{max}，孔的最小直径为 D_{min}，位置度公差可用下式计算，即

螺栓联结：

$$T \leqslant K(D_{min} - d_{max}) \tag{4-8}$$

螺钉联结：

$$T \leqslant 0.5K(D_{min} - d_{max}) \tag{4-9}$$

式中：T——位置度公差；

　　　K——间隙利用系数。考虑到装配调整对间隙的需要，一般取 $K=0.6 \sim 0.8$，若不需
　　　　　调整，取 $K=1$。

按上式计算确定的公差，经化整并按表 4.10 选择公差值。

表 4.19　位置度公差值系数

1	1.2	1.5	2	2.5	3	4	5	6	8
1×10^n	1.2×10^n	1.5×10^n	2×10^n	2.5×10^n	3×10^n	4×10^n	5×10^n	6×10^n	8×10^n

2. 确定几何公差值应考虑的问题

总的原则：在满足零件功能要求的前提下，选取最经济的公差值。

几何公差值决定了几何公差带的宽度或直径，是控制零件制造精度的直接指标。确定的公差值过小，会提高制造成本；确定的公差值过大，虽能降低制造成本，但保证不了零件的功能要求，影响产品质量。因此，应合理确定几何公差值，以保证产品功能，提高产品质量，降低制造成本。

几何公差值的确定方法有类比法和计算法，通常采用类比法。按类比法确定几何公差值时，应考虑以下几个方面。

(1) 一般情况下，同一要素上给定的形状公差值应小于定向和定位公差值；同一要素的定向公差值应小于其定位公差值；位置公差值应小于尺寸公差值。例如，某平面的平面度公差值应小于该平面对基准的平行度公差值；而其平行度公差值应小于该平面与基准间的尺寸公差值。

对同一基准或基准体系，跳动公差具有综合控制的性质，因此回转表面及其素线的形状公差值和定向、定位公差值均应小于相应的跳动公差值。同时，同一要素的圆跳动公差值应小于全跳动公差值。

综合性的公差应大于单项公差。如圆柱表面的圆柱度公差可大于或等于圆度、素线和轴线的直线度公差；平面的平面度公差应大于或等于平面的直线度公差；径向全跳动应大于径向圆跳动、圆度、圆柱度，素线和轴线的直线度，以及相应的同轴度公差。

(2) 在满足功能要求的前提下，考虑加工的难易程度、测量条件等，应适当降低 1 ~ 2级。例如：

① 孔相对轴。

② 长径比(L/d)较大的孔或轴。

③ 宽度较大(一般大于 1/2 长度)的零件表面。

④ 对结构复杂、刚性较差或不易加工和测量的零件，如细长轴、薄壁件等。

⑤ 对工艺性不好，如距离较大的分离孔或轴。

⑥ 线对线和线对面相对于面对面的定向公差，如平行度、垂直度和倾斜度。

(3) 确定与标准件相配合的零件几何公差值时，不但要考虑几何公差国家标准的规定，还应遵守有关的国家标准的规定。

总之，具体应用时要全面考虑各种因素来确定各项公差等级。查表时应该按相应的主

参数，再结合已确定的公差等级进行查取。由于轮廓度的误差规律比较复杂，因此目前国家标准尚未对其公差值做出统一规定。

4.5.5 未注几何公差值的确定

采用未注公差值具有使图样简单易读、节省设计时间、简化加工设备和加工工艺、保证零件特殊的精度要求，有利于安排生产、质量控制和检测等许多优点。国家标准中对未注公差值进行了规定。

1. 直线度和平面度未注公差值

选择直线度和平面度未注公差值时，对于直线度应按其相应线的长度选取，对于平面度应按其表面的较长一侧或圆表面的直径选取，如表 4.20 所示。

表 4.20　直线度和平面度未注公差值　　　　单位：mm

公差等级	基本长度范围					
	≤10	>10~30	>30~100	>100~300	>300~1000	>1000~3000
H	0.02	0.05	0.1	0.2	0.3	0.4
K	0.05	0.1	0.2	0.4	0.6	0.8
L	0.1	0.2	0.4	0.8	1.2	1.6

2. 垂直度未注公差值

选择垂直度未注公差值时，取形成直角的两边中较长的一边作为基准，较短的一边作为被测要素；若两边的长度相等，则取其中的任意一边作为基准，如表 4.21 所示。

表 4.21　垂直度未注公差值　　　　单位：mm

公差等级	基本长度范围			
	≤100	>100~300	>300~1000	>1000~3000
H	0.2	0.3	0.4	0.5
K	0.4	0.6	0.8	1
L	0.6	1	1.5	2

3. 对称度未注公差值

选择对称度未注公差值时，应取两要素中较长者作为基准，较短者作为被测要素；若两要素长度相等，则可取任一要素作为基准，如表 4.22 所示。对称度的未注公差值用于至少两个要素中的一个是中心平面，或两个要素的轴线互相垂直。

表 4.22　对称度未注公差值　　　　单位：mm

公差等级	基本长度范围			
	≤100	>100~300	>300~1000	>1000~3000
H	0.5			

续表

公差等级	基本长度范围			
	≤100		0.8	≤100
K	0.6		0.8	1
L	0.6	1	1.5	2

4. 圆跳动的未注公差值

选择圆跳动(径向、端面和斜向)未注公差值时,应以设计或工艺给定的支承面作为基准,否则应取两要素中较长的一个作为基准;若两要素长度相等,则可取任一要素作为基准,如表 4.23 所示。

表 4.23　圆跳动未注公差值　　　　　　　　　　单位:mm

公差等级	圆跳动公差值
H	0.1
K	0.2
L	0.5

5. 其他未注几何公差值的选取

(1) 圆度的未注公差值等于标准的直径公差值,但不能大于表 4.23 中的径向圆跳动值。

(2) 圆柱度的未注公差值不做规定。

① 圆柱度误差由三个部分组成:圆度误差、直线度误差和相对素线的平行度误差,而其中每一项误差均由它们的注出公差或未注公差控制。

② 如因功能要求,圆柱度公差应小于圆度、直线度和平行度的未注公差的综合结果,应在被测要素上按国家标准规定注出圆柱度公差值。

③ 采用包容要求。

(3) 同轴度的未注公差值未做规定。在极限状况下,同轴度的未注公差值可以和表 4.22 中规定的径向圆跳动的未注公差值相等。应选两要素中的较长者为基准,若两要素长度相等则可选任一要素为基准。

(4) 平行度的未注公差值等于给出的尺寸公差值,或是直线度和平面度未注公差值中的相应公差值较大者。应取两要素中的较长者作为基准,若两要素的长度相等则可任选一要素作为基准。

(5) 线轮廓度、面轮廓度、倾斜度、位置度和全跳动的未注公差值均应由各要素的注出或未注几何公差、线性尺寸公差或角度公差控制。

实验与实训

1. 实验内容

用水平测量仪测量导轨的直线度误差,并用最小包容区域法评定直线度误差值。

2. 实验目的

(1) 掌握用水平测量仪测量导轨的直线度误差的方法及数据处理。

(2) 加深对直线度误差的理解。

3. 实验过程

(1) 量出导轨总长，确定相邻两测量点之间的距离。

(2) 将水平仪放在平板上，然后依次测量出至少 10 个点的数值。

(3) 根据各测点的数值，在坐标纸上取点。然后连接各点，做出误差折线。

(4) 用两条平行直线包容误差折线，其中一条直线必须与误差折线两个最高(最低)点相切，在两切点之间，应有一个最低(最高)点与另一条平行直线相切。在这两条平行直线之间的区域就是最小包容区域，该两直线之间的距离就是直线度误差。

4. 实验总结

通过对导轨的直线度误差的测量，明确最小包容区域是"最小条件"在评定形状误差时的具体运用，最小包容区域的宽度或直径表示形状误差的大小。在评定直线度误差时，由两平行直线包容被测实际要素时，应该实现高低相间、至少三点(高、低、高或低、高、低)与两平行直线接触，这种判别方法称为相间准则。

习　　题

1. 填空题

(1) 国家标准规定，几何公差共有_____个项目，其中形状公差有_____项，位置公差有_____项。

(2) 零件的几何要素按存在状态不同可以分为_____和_____；按功能关系不同可以分为_____和_____。

(3) 被测要素分为_____和_____。

(4) 如果被测实际要素与其_____能完全重合，表明形状误差为零。

(5) 遵守独立原则的要素，形状公差用于控制_____，尺寸公差用于控制_____。

(6) 相关要求是指图样上给定的_____和_____相互有关的公差原则。

(7) 作用尺寸是工件_____尺寸和_____综合的结果，孔的作用尺寸总是_____孔的实际尺寸，轴的作用尺寸总是_____轴的实际尺寸。

(8) 采用包容要求时，几何公差随_____而改变，当要素处于_____状态时，其几何公差为最大，其数值_____于尺寸公差。

2. 选择题

(1) 形状误差的评定准则应当符合(　　)。

　　A. 公差原则　　　B. 包容要求　　　C. 最小条件　　　D. 相关要求

(2) 同轴度公差属于(　　)。

A. 形状公差　　　B. 几何公差　　　C. 定向公差　　　D. 跳动公差

(3) 公差原则是指(　　)。

A. 确定公差值大小的原则　　　　B. 制定公差与配合标准的原则

C. 形状公差与位置公差的关系　　D. 尺寸公差与几何公差的关系

(4) 通常说来，作用尺寸是(　　)综合的结果。

A. 实际尺寸和几何公差　　　　　B. 实际偏差与形位误差

C. 实际偏差与几何公差　　　　　D. 实际尺寸和形位误差

(5) 跳动公差是以(　　)来定义的几何公差项目。

A. 轴线　　　　B. 圆柱　　　　C. 测量　　　　D. 端面

(6) 位置误差按其特征分为(　　)类误差。

A. 三　　　　　B. 五　　　　　C. 二　　　　　D. 四

(7) 标注(　　)时，被测要素与基准要素间的夹角是不带偏差的理论正确角度，标注时要带方框。

A. 平行度　　　B. 倾斜度　　　C. 垂直度　　　D. 同轴度

(8) 当图样上被测要素没有标注位置公差时，要按未注公差处理，此时尺寸公差与位置公差应遵守(　　)。

A. 公差原则　　B. 包容要求　　C. 最大实体要求　　D. 独立原则

(9) 对于轴类零件的圆柱面(　　)检测简便、容易实现，故应优先选用。

A. 圆度　　　　B. 跳动　　　　C. 圆柱度　　　　D. 同轴度

3. 判断题

(1) 几何公差带的方向是指评定被测要素误差的方向。　　　　　　　　　(　　)

(2) 对于直线度，当在互相垂直的两个方向上限制直线度误差，其公差带形状是四棱柱。　　　　　　　　　　　　　　　　　　　　　　　　　　　　(　　)

(3) 圆度公差带的两同心圆一定与零件轴线重合。　　　　　　　　　　(　　)

(4) 圆柱度公差带的两同轴圆柱面的轴线与被测圆柱的轴线无关。　　　(　　)

(5) 被测要素为各要素的公共轴线时，公差框格指引线的箭头可以直接指在公共轴线上。　　　　　　　　　　　　　　　　　　　　　　　　　　　　(　　)

(6) 径向全跳动公差带与圆柱度公差带一样，都是半径差为公差值 t 的两同轴圆柱面之间的区域。　　　　　　　　　　　　　　　　　　　　　　　　　　(　　)

(7) 当被测要素遵守最大实体要求时，其实际要素的作用尺寸不得超出最大实体边界。　　　　　　　　　　　　　　　　　　　　　　　　　　　　　　(　　)

(8) 当被测要素遵守包容要求时，其实际要素的作用尺寸不得超出实效边界。　(　　)

(9) 应用最小条件评定所得出的误差值，即是最小值，但不是唯一的值。　(　　)

(10) 评定位置误差时，包容关联被测要素的区域与基准保持功能关系并必须符合最小条件。　　　　　　　　　　　　　　　　　　　　　　　　　　　　(　　)

4. 简答题

(1) 形状和位置公差各规定了哪些项目？它们的符号是什么？

(2) 几何公差带由哪些要素组成？几何公差带的形状有哪些？

(3) 理想边界有哪几种？代号各是什么？

(4) 什么是体内作用尺寸？什么是体外作用尺寸？它们与实际尺寸的关系如何？

(5) 什么是最大实体尺寸？什么是最小实体尺寸？二者有何异同？

(6) 在选择几何公差值时，应考虑哪些情况？

(7) 试述独立原则、包容要求、最大实体要求和最小实体要求的应用场合。

(8) 未注几何公差的公差值应按什么原则确定？

(9) 形位误差的检测原则有哪几种？

5. 实作题

(1) 试解释图 4.90 中注出的各项几何公差，要求说明公差特征名称、被测要素，以及基准要素公差带的形状、大小和位置。

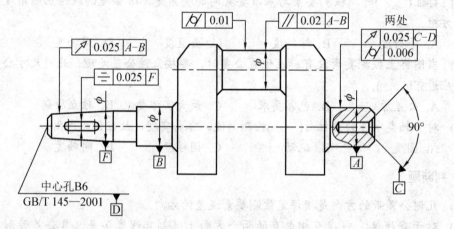

图 4.90　实作题(1)图

(2) 指出图 4.91 两图形中的形位公差的标注错误，并改正(注意：不能改变形位公差项目符号)。

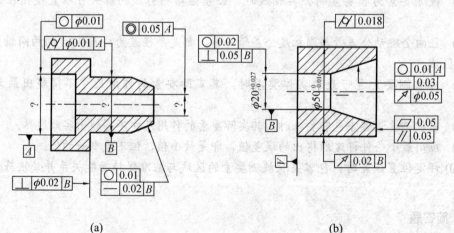

图 4.91　实作题(2)图

(3)　按图 4.92 的标注填表 4.24。

表 4.24　实作题 3 表格

图样符号	遵守的公差原则或公差要求	遵守的边界及边界尺寸	最大实体尺寸/mm	最小实体尺寸/mm	最大实体状态时的几何公差/μm	最小实体状态时的几何公差/μm	尺寸合格条件
a							
b							
c							
d							
e							
f							

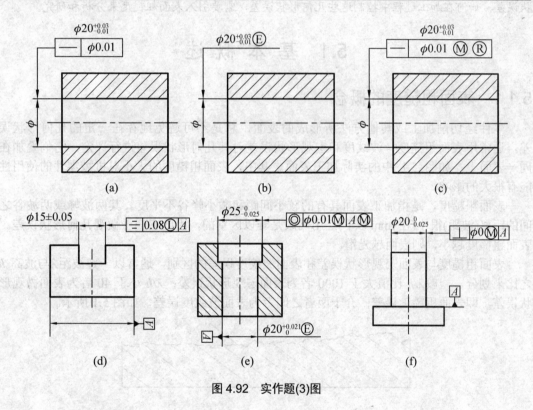

图 4.92　实作题(3)图

第5章 表面粗糙度

学习目标

通过本章的学习，要求读者了解取样长度、评定长度、基准中线、间距参数在国家标准中的地位；掌握主参数的定义、标注和系列参数值；熟练应用基本符号的标注；熟练使用表面粗糙度的检测方法，进行机械零件表面粗糙度的检测，并能识读图样上的表面粗糙度代号。

内容导入

零件经切削加工或其他方法所形成的表面，由于加工中不可避免地存在材料塑性变形、机械振动、摩擦等原因，致使零件加工表面总存在着几何形状误差。如何评定和检测这些几何形状误差，如何在加工过程中控制这些几何形状误差，需要引入表面粗糙度来分析和研究。

5.1 基 本 概 述

5.1.1 表面粗糙度的概念

零件经切削加工或其他方法所形成的表面，总是不可避免地存在一定的几何形状误差，通常用表面粗糙度、波纹度和宏观形状误差对其几何形状误差进行评定，它们叠加在同一表面上，如图 5.1 中的实际加工表面。其中，表面粗糙度的大小对机械零件的使用性能有很大的影响。

表面粗糙度，是指加工表面具有的较小间距和微小峰谷不平度。其两波峰或两波谷之间的距离(波距)很小(在 1mm 以下)，用肉眼是难以区别的，因此它属于微观几何形状误差。表面粗糙度越小，则表面越光滑。

表面粗糙度与表面宏观形状误差和表面波纹度误差的区别，通常以一定波距 λ 与波高 h 之比来划分。一般 λ/h 比值大于 1000 者为表面宏观形状误差；λ/h 小于 40 者为表面微观形状误差，即表面粗糙度误差；介于两者之间者为表面波纹度误差，如图 5.1 所示。

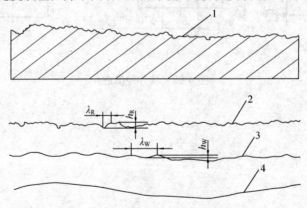

图 5.1 表面粗糙度的概念

1—实际加工表面；2—表面粗糙度；3—表面波纹度；4—表面宏观形状误差

5.1.2 表面粗糙度对零件使用性能的影响

1．对机械零件耐磨性的影响

表面粗糙度值愈大，零件工作表面越粗糙，两接触表面间实际接触面积远小于理论接触面积，相互接触的峰部单位面积压力大，使实际接触面磨损加快，耐磨性差；但表面粗糙度值太小，润滑油不易储存，接触面之间容易发生分子黏结，磨损反而增加。因此，表面粗糙度应选择一个最佳值。

2．对机械零件配合性质的影响

零件的表面粗糙度会影响配合性质的稳定。对于间隙配合，当配合的孔与轴需做相对运动时，由于表面上的凸峰磨损使孔径增大，轴径减小，导致间隙迅速变大，甚至会破坏原来的配合性质；对于过盈配合，当采用压入法装配时，由于表面上的凸峰被挤平而填入凹谷，使过盈配合的实际有效过盈量减小而降低连接强度。显然，如果表面粗糙度选择不当，将影响配合性质的稳定，使设备运行中产生的噪声增大，连接部位强度降低。

3．对机械零件疲劳强度的影响

承受交变载荷作用的零件的失效多数是由于表面产生疲劳裂纹造成的。疲劳裂纹主要是由于表面粗糙度波谷所造成的应力集中引起的。零件表面越粗糙，波谷越深，应力集中就越严重。因此，表面粗糙度影响零件的抗疲劳强度。

4．对机械零件耐腐蚀性的影响

粗糙表面的微观凹谷处易存积腐蚀性物质，久而久之，这些腐蚀性物质就会渗入金属内层，造成表面锈蚀。一般来说，零件表面粗糙度数值越大，零件耐腐蚀性能就越差。

此外，表面粗糙度对接触刚度、密封性、产品外观、表面光学性能、导电导热性能及表面结合的胶合强度等都有很大影响。所以，在设计零件的几何参数精度时，必须对其提出合理的表面粗糙度要求，以保证机械零件的使用性能。

5.2 表面粗糙度的评定标准

零件加工后表面粗糙度是否合格，应通过正确的测量数据和按一定的标准对测量数据进行评定，我国发布了测量、评定及标注表面粗糙度的国家标准，主要有 GB/T 3505—2009《产品几何技术规范(GPS) 表面结构 轮廓法 术语、定义及表面结构参数》、GB/T 10610—2009《产品几何技术规范(GPS) 表面结构 轮廓法 评定表面结构的规则和方法》、GB/T 1031—2009 《产品几何技术规范(GPS) 表面结构 轮廓法 表面粗糙度参数及其数值》、GB/T 131—2006《产品几何技术规范(GPS) 技术产品文件中表面结构的表示法》等国家标准。

5.2.1 评定表面粗糙度的基本术语

1．取样长度 l_r

取样长度是指用于判别具有表面粗糙度特征的一段基准线长度，用 l_r 表示；如图 5.2

所示。

在实际轮廓上测量表面粗糙度时，必须限制和减弱表面波度对表面粗糙度测量结果的影响。因此，合理的取样长度，既能限制和削弱表面波度对测量结果的影响，又能使测量结果较好地反映粗糙度的实际情况。

在取样长度内，一般应包含五个以上的轮廓峰和谷。国家标准规定了取样长度数值，如表 5.1 所示。

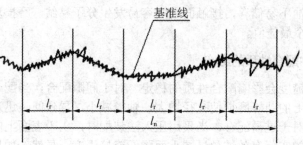

图 5.2　取样长度和评定长度

表 5.1　Ra、Rz 的取样长度 l_r 与评定长度 l_n 的选用值

$Ra/\mu m$	$Rz /\mu m$	l_r /mm	l_n (l_n=5 l_r) /mm
≥0.008～0.02	≥00.025～0.1	0.08	0.4
>0.02～0.1	>0.1～0.5	0.25	1.25
>0.1～2.0	>0.50～10.0	0.8	4.0
>2.0～10.0	>10.0～50.0	2.5	12.5
>10.0～80.0	>50～320	8.0	40.0

2. 评定长度 l_n(测量长度)

评定长度包含一个或数个取样长度，如图 5.2 所示。国家标准推荐 l_n=5l，其具体数值如表 5.1 所示。规定评定长度是为了克服加工表面的不均匀性，较客观地反映表面粗糙度的真实情况。

3. 表面粗糙度轮廓中线

表面粗糙度轮廓中线是用来定量计算表面粗糙度数值的一条基准线，通常有以下两种中线。

(1) 轮廓最小二乘中线：在一个取样长度 l_r 内，使轮廓上各点至该基准线的距离平方和为最小，如图 5.3 所示。

$$\sum_{i=1}^{n} y_i^2 = \min$$

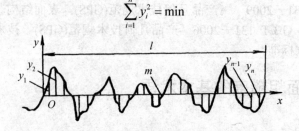

图 5.3　轮廓的最小二乘中线示意图

(2) 轮廓的算术平均中线：指具有几何轮廓形状，在取样长度内与轮廓走向一致的基准线，该线划分轮廓并使上、下两边的面积相等。如图 5.4 所示，即 $F_1+F_3+\cdots+F_{2n-1}$ $=F_2+F_4+\cdots+F_{2n}$。

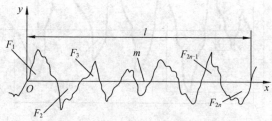

图 5.4　轮廓的算术平均中线示意图

5.2.2　表面粗糙度的评定参数

通常用于评定表面粗糙度的参数是轮廓参数，即幅度参数和间距参数，幅度参数包括轮廓算数平均偏差 Ra 和轮廓最大高度 Rz，间距参数指轮廓单元的平均宽度 Rsm。

1. 轮廓算术平均偏差 Ra

Ra 是指在取样长度内，轮廓上各点至基准线 m 之间距离 y_i 的绝对值的算术平均值，如图 5.5 所示。

其数学表达式为：$Ra=\dfrac{1}{l}\displaystyle\int_0^l |y|\,\mathrm{d}x$，或近似值 $Ra=\dfrac{1}{n}\displaystyle\sum_{i=1}^n |Y_i|$，$Ra$ 参数能充分反映表面微观几何形状高度方面的特性，并且用仪器测量方法比较简单，是普遍采用的评定参数。Ra 数值越大，表面越粗糙。

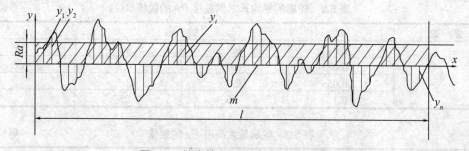

图 5.5　轮廓算术平均偏差 Ra 示意图

2. 轮廓最大高度 Rz

Rz 是指在一个取样长度内，最大轮廓峰高 Rp 和最大轮廓谷深 Rv 之和，用 Rz 表示，即 $Rz=Rp+Rv$，如图 5.6 所示。

Rz 值对某些表面上不允许出现较深的加工痕迹和小零件的表面质量有实用意义。

3. 轮廓单元的平均宽度 Rsm

Rsm 是指在一个取样长度内，所有轮廓单元宽度 X_{si} 的平均值，如图 5.7 所示。用公式表示为 $Rsm=\dfrac{1}{m}\displaystyle\sum_{i=1}^m X_{si}$。

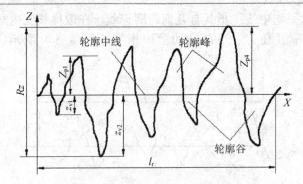

图 5.6 轮廓最大高度 *Rz* 示意图

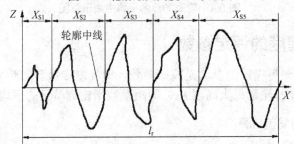

图 5.7 轮廓单元的平均宽度 *Rsm* 示意图

5.2.3 评定参数及其相关规定

国家标准规定采用中线制来评定表面粗糙度，粗糙度的参数从 *Ra*、*Rz* 和 *Rsm* 三项中选取，其参数值如表 5.2～表 5.4 所示。

表 5.2 轮廓的平均算术偏差值 *Ra* 的数值单位: 单位：mm

参　数	数　值			
Ra	0.012	0.2	3.2	50
	0.025	0.4	6.3	100
	0.05	0.8	12.5	
	0.1	1.6	25	

表 5.3 轮廓最大高度 *Rz* 的数值 单位：mm

参　数	数　值				
Rz	0.025	0.4	6.3	100	1 600
	0.05	0.8	12.5	200	
	0.1	0.6	25	400	
	0.2	3.2	50	800	

表 5.4 轮廓单元的平均宽度 *Rsm* 的数值 单位：mm

参　数	数　值		
Rsm	0.006	0.1	1.6
	0.012 5	0.2	3.2
	0.025	0.4	6.3
	0.05	0.8	12.5

5.3　表面粗糙度的符号及标注

5.3.1　表面粗糙度的符号

国家标准 GB/T 131—2006 中规定了关于表面粗糙度的标注符号：一个基本图形符号和三个完整图形符号。表面粗糙度符号及其意义如表 5.5 所示。

表 5.5　表面粗糙度符号及其意义

符　号	意　义
√	基本符号，可用任何方法获得，仅用于简化标注，单独使用没有意义
√	完整图形符号，表示零件表面，可用任何加工工艺获得
√	完整图形符号，表示零件表面，用去除材料的方法获得
√	完整图形符号，表示零件表面，用不去除材料的方法获得

5.3.2　表面粗糙度代号

GB/T 131—2006 中规定了表面粗糙度代号和各项技术要求的标注位置，如表 5.6 所示。

表 5.6　表面粗糙度代号和各项技术要求标准位置

表面粗糙度代号	各项技术要求标准位置
	位置 a：注写表面结构的单一要求，写出粗糙度符号、极限值和传输带或取样长度
	位置 b：注写两个或多个表面结构要求，在位置 a、b 分别注写第一、二表面结构要求，如果注写多个表面结构要求，a、b 的位置随之上移
	位置 c：注写加工方法、表面处理或其他加工工艺要求，如车、磨、镀
	位置 d：注写表面纹理方向，如 "＝"、"×"、"M"
	位置 e：注写加工余量(单位为 mm)

5.3.3　表面粗糙度的标注方法

在零件图上，表面粗糙度符号周围一般只标注幅度参数 Ra 或 Rz 的符号和允许值。

1. 表面粗糙度的标注

1) 极限值判断规则的标注

GB/T 10610—2009 中规定了两种极限值判断规则。

(1) 16%规则：指在同一评定长度上的全部实测值中，超过图样上或技术产品文件中规定值的个数不超过实测值总数的 16%，则表面合格。应在图样上标注表面粗糙度参数的上限值或(和)下限值。16%规则是表面粗糙度技术要求标注中的默认规则。

(2) 最大规则：在被测表面的全部区域内测得的参数值均不大于上限值。应在幅度参数符号后面增加一个"max"标记。

2) 评定长度的标注

若所标注参数代号后没有数字，表明采用的是标准评定长度(R 轮廓的标准评定长度为 5 个取样长度)。若不采用标准评定长度，参数代号后应标注取样长度的个数。例如，$Ra3$ 3.2、$Rz3$ 3.2 表示要求评定长度为 3 个取样长度，Ra 3.2、Rz 3.2 表示要求评定长度为默认的 5 个取样长度。

3) 传输带的标注

若需要标注传输带，传输带应标注在幅度参数代号的前面，并用斜线"/"隔开。传输带标注包括滤波截止波长(mm)，其中短波滤波器在前，长波滤波器在后，并用"–"隔开。如果只注一个滤波器，应保留"–"来区分是短波滤波器还是长波滤波器。如"0.008–"指短波滤波器λ_s；"–4"指长波滤波器λ_c。当幅度参数代号中没有标注传输带时，表面结构要求采用默认的传输带。

4) 极限值的标注

在完整图形符号上，当只标注幅度参数的符号、参数值和传输带时，应默认为参数值为幅度参数的上限值；当标注幅度参数的下限值时，参数符号前加注"L"；当同时标注上、下极限值时，上限值在上方，参数符号前加注"U"，下极限在下方，参数符号前加注"L"；如果同一参数具有双向极限要求，可以不加注"U"、"L"。

表面粗糙度幅度参数标注示例及意义如表 5.7 所示。

表 5.7　表面粗糙度幅度参数标注示例及意义

序　号	代　号	意　义
1	$\sqrt{\quad}$ *Rz* 0.4	表示不允许去除材料，单向上限值，默认传输带，轮廓的最大高度 0.4μm，评定长度为 5 个取样长度(默认)，"16%规则"(默认)
2	$\sqrt{\quad}$ *Rz* max 0.2	表示去除材料，单向上限值，默认传输带，轮廓最大高度的最大值 0.2μm，评定长度为 5 个取样长度(默认)，"最大规则"
3	$\sqrt{\quad}$ U *Ra* max 3.2 L *Ra* 0.8	表示不允许去除材料，双向极限值，两极限值均使用默认传输带。上限值：算术平均偏差 3.2 μm，评定长度为 5 个取样长度(默认)，"最大规则"；下限值：算术平均偏差 0.8 μm，评定长度为 5 个取样长度(默认)，"16%规则"(默认)
4	$\sqrt{\quad}$ L *Ra* 1.6	表示任意加工方法，单向下限值，默认传输带，算术平均偏差 1.6 μm，评定长度为 5 个取样长度(默认)，"16%规则"(默认)
5	$\sqrt{\quad}$ 0.008–0.8/*Ra* 3.2	表示去除材料，单向上限值，传输带 0.008～0.8mm，算术平均偏差 3.2 μm，评定长度为 5 个取样长度(默认)，"16%规则"(默认)

2. 表面粗糙度在图样上的标注方法

在零件图样上标注粗糙度代号时要注意以下三个方面。

(1) 每一表面一般只标注一次表面粗糙度代号，并尽可能注在相应的尺寸及其公差的同一视图上。

(2) 表面粗糙度代号标注在轮廓线上时，其符号的尖端应从材料外部指向并接触零件表面。

(3) 表面粗糙度代号的注写和读取方向应与尺寸的注写和读取方向一致。

表面粗糙度具体标注方法如表 5.8 所示。

表 5.8　表面粗糙度代号具体标注方法示例

表面粗糙度代号标注示例	说　明
	表面粗糙度代号标注在轮廓线、轮廓线的延长线和带箭头的指引线上
	表面粗糙度代号标注在带箭头、黑点的指引线上
	表面粗糙度代号标注在给定的尺寸线上
	表面粗糙度代号标注在几何公差框格的上方

5.4　表面粗糙的参数选择

5.4.1　选用原则

表面粗糙度数值越小，加工越困难，成本越高，选取时应在满足零件功能要求的前提下，同时顾及经济性和加工的可能性。确定零件的表面粗糙度时，除有特殊要求的表面外，一般多采用类比法选取。

表面粗糙度数值的选择，一般应考虑以下几点。

(1) 在满足零件表面使用功能的前提下，应尽量选用大的参数值。

(2) 一般情况下，同一零件的工作表面应比非工作表面的参数值小；摩擦表面应比非摩擦表面的参数值小；运动速度高、单位面积上压力大及承受交变载荷的工作表面，其参数值应当小。

(3) 尺寸精度、形位精度要求高的表面，粗糙度数值应当小。

(4) 要求耐腐蚀的表面，粗糙度数值应当小。

(5) 有关标准已对表面粗糙度数值做出规定的，应按规定选取。

5.4.2 选用方法

有关表面粗糙度数值的选用，请参看表 5.9。

表 5.9   表面粗糙度应用举例

$Ra/\mu m$	应用举例
12.5	多用于粗加工的非配合表面，如轴端面、倒角、钻孔、齿轮及带轮的侧面，键槽非工作表面，垫圈的接触面，不重要的安装支承面，螺钉、铆钉孔表面等
6.3	半精加工表面。用于不重要零件的非配合表面，如支柱、轴、支架、外壳、衬套、盖等的端面，螺栓、螺钉、双头螺栓和螺母的自由表面；不要求定心及配合特性的表面，如螺栓孔、螺钉孔和铆钉等表面，飞轮、带轮、离合器、联轴节、凸轮、偏心轮的侧面，平键及键槽上下面，楔键侧面，花键非定心面，齿轮顶圆表面，所有轴和孔的退刀槽，不重要的联结配合表面，犁铧、犁侧板、深耕铲等零件的摩擦工作面，插秧爪面等
3.2	半精加工表面。外壳、箱体、盖面、套筒、支架和其他零件联结而不形成配合的表面，不重要的紧固螺的表面，非传动用的梯形螺纹、锯齿形螺纹表面，燕尾槽的表面，需要发蓝的表面，需要滚花的预加工表面，低速下工作的滑动轴承和轴的摩擦表面，张紧链轮、导向滚轮壳孔与轴的配合表面，止推滑动轴承及中间片的工作表面，滑块及导向面(速度 20~50m/min)，收割机械切割器的摩擦片、动刀片、压力片的摩擦面，脱粒机格板工作表面等
1.6	要求有定心及配合特性的固定支承、衬套、轴承和定位销的压入孔表面，不要求定心及配合特性的活动支承面，活动关节及花键结合面，8 级齿轮的齿面，齿条齿面，传动螺纹工作面，低速转动的轴，楔形键及键槽上下面，轴承盖凸肩表面(对中心用)，端盖内侧滑块及导向面，三角带轮槽表面，电镀前金属表面等
0.8	要求保证定心及配合特性的表面，锥销与圆柱销的表面，与 G 级和 E 级精度滚动轴承相配合的孔和轴颈表面，中速转动的轴颈，过盈配合的孔 IT7，间隙配合的孔 IT8，花键轴上的定心表面，滑动导轨面
0.4	不要求保证定心及配合特性的活动支承面，高精度的活动接头表面、支承垫圈等

续表

Ra/μm	应用举例
0.2	要求能长期保持所规定的配合特性的孔 IT6、IT5，6 级精度的齿轮工作面，蜗杆齿面(6～7 级)，与 D 滚动轴承配合的孔和轴颈表面，要求保证定心及配合特性的表面，滑动轴承轴瓦的工作表面，分度盘表面，工作时受反复应力的重要零件，受力螺栓的圆柱表面，曲轴和凸轮轴的工作表面，发动机气门头圆锥面，与橡胶油封相配的轴表面等
0.1	工作时承受较大反复应力的重要零件表面，保证零件的疲劳强度、防蚀性及在活动接头工作中耐久性的一些表面，精密机床主轴箱与套筒配合的孔，活塞销的表面，液压传动用孔的表面，阀的工作面，气缸内表面，保证精确定心的锥体表面，仪器中承受摩擦的表面(如导轨，槽面等)
0.05	特别精密的滚动轴承套圈滚道、滚珠及滚柱表面，摩擦离合器的摩擦表面，工作量规的测量表面，精密刻度盘表面，精密机床主轴套筒外圆面等
0.025	特别精密的滚动轴承套圆滚道、滚珠及滚柱表面，量仪中等精度间隙配合零件的工作表面，柴油发动机高压油泵中柱塞和柱塞套的配合表面，保证高度气密的接合表面等
0.012	仪器的测量表面、量仪中高精度间隙配合零件的工作表面、尺寸超过 100mm 的量块工作表面等
0.008	量块的工作表面、高精度测量仪器的测量面、光学测量仪器中的金属镜面、高精度仪器摩擦机构的支撑面

5.5　表面粗糙度的检测

表面粗糙度的检测方法主要有比较法、光切法、光波干涉法和感触法。

1. 比较法

比较法就是由检测人员将被测零件表面与表面粗糙度样板(见图 5.8)进行比较，从而估计出零件的表面粗糙度。此方法虽然不能精确得出被检测零件表面的粗糙度评定值，但由于器具简单、使用方便、且能满足一般的生产要求，常用于生产现场中对中等或粗糙的表面进行评定。

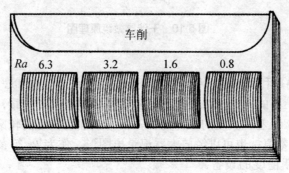

图 5.8　表面粗糙度样板(单位：μm)

2. 光切法

光切法就是利用"光切原理"来测量被测零件的表面粗糙度，工厂计量室用的双管显微镜是应用这一原理设计而成的(见图 5.9)。双管显微镜的测量范围为 0.5~50μm，可作为 Rz 参数的评定。

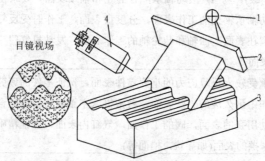

图 5.9　光切法测量原理

1—光源；2—光阑；3—被测零件；4—目镜筒

3. 光波干涉法

光波干涉法是利用光波干涉原理测量表面的峰谷高度，使用的仪器为干涉显微镜(见图 5.10)。一般干涉显微镜作为 Rz 参数的评定，测量范围为 0.03~1μm。

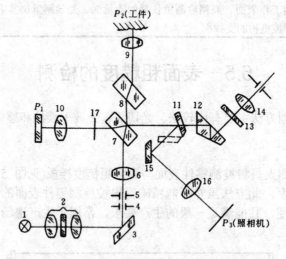

图 5.10　干涉显微镜原理图

4. 感触法

感触法(针描法)是利用金刚石针尖与被测表面接触，当触针以一定速度沿被测表面移动时，针尖沿峰谷上下的摆动量，经过传感器转换成电量的变化量，再经滤波器将表面轮廓上的属于宏观形状误差和波度的成分滤去，留下表面粗糙度的轮廓曲线信号，经放大器计算器直接指示 Ra 数值；也可以经放大器记录出图形，作为 Rz 等参数的评定。图 5.11 是用感触法测量表面粗糙度的设备。

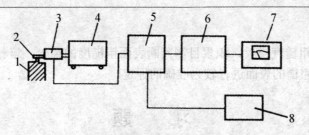

图 5.11　触针法工作原理

1—被测件；2—触针；3—传感器；4—驱动器；5—测微放大器；

6—信号分离与运算器；7—显示器；8—记录器

实验与实训

1. 实验内容

用比较法测量表面粗糙度。

2. 实验目的

熟悉用比较法判断表面粗糙度的方法，积累目测判断表面粗糙度的经验。

3. 实验过程

(1) 将比较样块和被检工件表面放在一起，在相同的照明条件下，用肉眼直接观察评定。其评定范围约为 Ra：$3.2 \sim 60 \mu m$。

(2) 对于 Ra 值为 $0.4 \sim 1.6 \mu m$ 的表面，需借助 5 倍或 10 倍的放大镜进行目测评估。

(3) 对 Ra 值为 $0.1 \sim 0.4 \mu m$ 的表面，需借助比较显微镜做目测评估。

比较显微镜如图 5.12 所示，其结构简单轻便，操作时，把显微镜先放在比较样块和被测表面上，调整千分筒 1 和 3，使影像清晰，用肉眼观察被物镜组 5 放在被测物体的表面而形成的影像，进行比较评估。

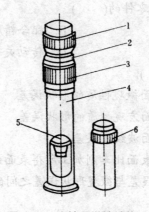

图 5.12　比较显微镜结构

1、3—千分筒；2—接筒；4—镜筒；5—物镜组；6—放大接管

4. 实验总结

通过熟悉表面粗糙度样板，积累目测判断表面粗糙度的经验，培养判断表面粗糙度的感觉，能对中等或粗糙的表面进行较为准确的评定。

习　　题

1. 填空题

(1) 表面粗糙度是指_____。

(2) 评定长度是指_____，它可以包含一个或几个_____。

(3) 国家标准中规定表面粗糙度的主要评定参数有_____、_____、_____三项。

(4) 测量表面粗糙度时，规定取样长度的目的是限制和减弱_____和_____对测量结果的影响。

(5) 测量表面粗糙度时，用光切显微镜(双管显微镜)可以测量的参数为_____。

(6) 电动轮廓仪是利用_____法来测量表面粗糙度的。

2. 选择题

(1) 基本评定参数是依照(　　)来测定工件表面粗糙度的。

　　A. 波距　　　　　　B. 波高　　　　　　C. 波度　　　　　　D. 波纹

(2) 车间生产中评定表面粗糙度最常用的方法是(　　)。

　　A. 光切法　　　　　B. 针描法　　　　　C. 干涉法　　　　　D. 比较法

(3) 双管显微镜是根据(　　)原理制成的。

　　A. 针描　　　　　　B. 印模　　　　　　C. 干涉　　　　　　D. 光切

(4) Ra 值的常用范围是(　　)。

　　A. 0.100～25μm　　　　　　　　　　B. 0.012～100μm

　　C. 0.025～6.3μm

(5) 表面粗糙度值越小，则零件的(　　)。

　　A. 耐磨性越好　　　　　　　　　　B. 配合精度越高

　　C. 抗疲劳强度越差　　　　　　　　D. 传动灵敏性越差　　E. 加工越容易

(6) 下列论述正确的有(　　)。

　　A. 表面粗糙度属于表面微观性质的形状误差

　　B. 表面粗糙度属于表面宏观性质的形状误差

　　C. 表面粗糙度属于表面波纹度误差

　　D. 经过磨削加工所得表面比车削加工所得表面的表面粗糙度值大

　　E. 介于表面宏观形状误差与微观形状误差之间的是波纹度误差

3. 判断题

(1) 确定表面粗糙度时，通常可在三项高度特性方面的参数中选取。　　　　　　(　　)

(2) 评定表面轮廓粗糙度所必需的一段长度称为取样长度，它可以包含几个评定长度。(　　)

(3) Rz 参数由于测量点不多，因此在反映微观几何形状高度方面的特性不如 Ra 参数充分。　　　　　　　　　　　　　　　　　　　　　　　　　　（　　）

(4) 通常零件的尺寸精度越高，表面粗糙度参数值相应越小。　　　　（　　）

(5) 零件的表面粗糙度值越小，则零件的尺寸精度应越高。　　　　　（　　）

(6) 摩擦表面应比非摩擦表面的表面粗糙度数值小。　　　　　　　　（　　）

(7) 要求配合精度高的零件，其表面粗糙度数值应大。　　　　　　　（　　）

4. 简答题

(1) 表面粗糙度的含义是什么？它对零件的使用性能有哪些影响？

(2) 国家标准规定的表面粗糙度评定参数有哪些？哪些是基本参数？哪些是附加参数？

(3) 评定表面粗糙度时，为什么要规定取样长度和评定长度？

(4) 评定表面粗糙度时，为什么要规定轮廓中线？

5. 实作题

(1) 将表面粗糙度符号标注在图 5.13 上，要求

① 用任何方法加工圆柱面 $\phi d3$，Ra 最大允许值为 3.2 μm。

② 用去除材料的方法获得孔 $\phi d1$，要求 Ra 最大允许值为 3.2 μm。

③ 用去除材料的方法获得表面 a，要求 Rz 最大允许值为 3.2 μm。

④ 其余用去除材料的方法获得表面，要求 Ra 允许值均为 25 μm。

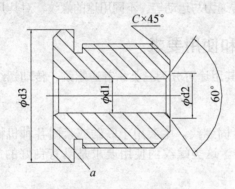

图 5.13　实作题(1)图

(2) 在一般情况下，$\phi 60H7$ 孔与 $\phi 20H7$ 相比较，$\phi 40H6/f5$ 与 $\phi 40H6/s5$ 中的两个孔相比较，哪个孔应选用较小的表面粗糙度轮廓幅度参数值？

第6章 螺纹结合的互换性

学习目标

通过本章的学习，要求了解螺纹的种类及使用要求；了解国家标准规定的普通螺纹基本牙型、主要几何参数及其误差对互换性的影响；掌握保证螺纹互换性的条件；熟悉普通螺纹公差与配合的国家标准及其选用；熟练掌握螺纹标记及普通螺纹的检测；了解丝杠螺纹公差。

内容导入

据统计，一台机器上零件数量最多的是螺纹零件，如常见的自行车、收音机、钢笔、机床等都离不开螺纹。那么，螺纹配合有什么种类及要求？普通螺纹主要几何参数及其公差标准是什么？常用普通螺纹公差与配合的选取方法及检测方法是什么？

6.1 概　　述

螺纹是机器上常见的结构要素，对机器的质量有着重要影响。螺纹除要在材料上保证其强度外，对其几何精度也应提出相应要求，国家颁布了有关标准，以保证其几何精度。螺纹常用于紧固联结、密封、传递力与运动等。不同用途的螺纹，对其几何精度要求也不一样。

6.1.1　螺纹的种类和使用要求

螺纹种类繁多，根据其用途可分为三类：普通螺纹、传动螺纹和紧密螺纹。

1. 普通螺纹

普通螺纹通常也称紧固螺纹，主要用于联结或紧固各种机械零件。分粗牙和细牙两种，如螺栓与螺母的联结。这类螺纹的使用要求是具有良好的旋合性(便于装配、拆换)及联结的可靠性。

2. 传动螺纹

传动螺纹主要用来传递运动、动力或位移。如车床丝杠和千分尺上的螺纹。这类螺纹的使用要求是传递动力的可靠性或传递位移的准确性。同时，各类传动螺纹都要求具有一定的间隙以便贮存润滑油。

3. 紧密螺纹

紧密螺纹主要用于密封联结。如管道用的螺纹。这类螺纹的使用要求是(在一定的压力下)结合紧密，不漏水、不漏气和不漏油。

6.1.2　螺纹的基本牙型

螺纹按牙型分，有三角形螺纹、梯形螺纹、锯齿形螺纹。现在主要介绍联结用米制普通三角形螺纹牙型。

螺纹的几何参数取决于螺纹轴向剖面内的基本牙型。

普通螺纹的基本牙型是指国家标准《普通螺纹　基本牙型》(GB/T 192—2003)中所规定的具有螺纹基本尺寸的牙型。它是将原始三角形(等边三角形)的顶部截去 $H/8$ 和底部截去 $H/4$ 所形成的内、外螺纹共有的理论牙型，如图 6.1 所示，它是螺纹设计牙型的基础。所谓设计牙型(如图 6.2 所示)是指相对于基本牙型规定出功能所需的各种间隙和圆弧半径。它是内、外螺纹基本偏差的起点。

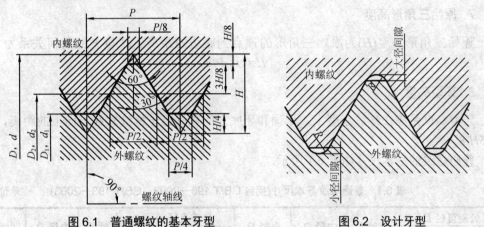

图 6.1　普通螺纹的基本牙型　　　　　图 6.2　设计牙型

6.1.3　普通螺纹的主要几何参数

螺纹的几何参数取决于螺纹轴向剖面内的基本牙型。内、外螺纹的大径、中径、小径的基本尺寸都定义在基本牙型上。普通螺纹的主要几何参数如下。

1．大径

大径(D，d)是指与外螺纹的牙顶或内螺纹的牙底相切的假想圆柱体的直径。内螺纹的大径 D 又称底径，外螺纹的大径 d 又称顶径。大径是普通内、外螺纹的公称直径。相结合的内、外螺纹的大径基本尺寸相等，即 $D=d$。

2．小径

小径(D_1，d_1)是指与外螺纹的牙底或内螺纹的牙顶相切的假想圆柱体的直径。内螺纹的小径 D_1 又称顶径，外螺纹的小径 d_1 又称底径。相结合的内、外螺纹的小径基本尺寸相等，即 $D_1=d_1$。

3．中径

中径(D_2，d_2)是一个假想圆柱的直径，该圆柱的母线通过牙型上沟槽和凸起宽度相等的地方。此假想圆柱称为中径圆柱。中径圆柱的母线称为中径线，轴线即为螺纹轴线，相结合的内、外螺纹中径的基本尺寸相等，即 $D_2=d_2$。螺纹结合一般只有螺牙侧面接触，而在顶径和底径处应有间隙，因此决定螺纹配合性质的主要参数是中径。

4．螺距

螺距(P)是指相邻两牙在中径线上对应两点间的轴向距离。

5. 牙型半角

牙型半角($\alpha/2$)是指在螺纹牙型上牙侧与螺纹轴线的垂直线间的夹角。普通螺纹的牙型半角为30°。

6. 螺纹旋合长度

螺纹旋合长度是指两个相互结合的螺纹沿螺纹轴线方向彼此旋合部分的长度。

7. 原始三角形高度

原始三角形高度(H)为原始三角形的顶点到底边的距离。H 与 P 的几何关系为

$$H= \sqrt{3}\,P/2$$

8. 牙型高度

牙型高度是指在螺纹牙型上,牙顶和牙底之间在垂直于螺纹轴线方向上的距离,大小为 $5H/8$。

普通螺纹的基本尺寸如表 6.1 所示。

表 6.1　普通螺纹基本尺寸(摘自 GB/T 196—2003、GB/T 193—2003)　　　单位:mm

公差直径 D、d			螺距 P	中径 D_2 或 d_2	小径 D_1 或 d_1	公差直径 D、d			螺距 P	中径 D_2 或 d_2	小径 D_1 或 d_1
第一系列	第二系列	第三系列				第一系列	第二系列	第三系列			
10			1.5	9.026	8.376		18		2.5	16.376	15.294
			1.25	9.188	8.647				2	16.701	15.835
			1	9.350	8.917				1.5	17.026	16.375
			0.75	9.513	9.188				1	17.035	16.917
		11	1.5	10.026	9.376	20			2.5	18.376	17.294
			1	10.350	9.917				2	18.701	17.835
			0.75	10.513	10.188				1.5	19.026	18.376
12			1.75	10.863	10.106				1	19.350	18.917
			1.5	11.026	10.376		22		2.5	20.376	19.294
			1.25	11.188	10.647				2	20.701	19.835
			1	11.350	10.917				1.5	21.026	20.376
	14		2	12.701	11.835				1	21.350	20.917
			1.5	13.026	12.376	24			3	22.051	20.752
			1.25	13.188	12.647				2	22.701	21.835
			1	13.350	12.917				1.5	23.026	22.376
		15	1.5	14.026	13.376				1	23.350	22.917
			1	14.350	13.917				2	23.701	22.835
16			2	14.701	13.835			25	1.5	24.026	23.376
			1.5	15.026	14.376				1	24.350	23.917
			1	15.350	14.917			26	1.5	25.026	24.376
		17	1.5	16.026	15.375	…		…			
			1	16.350	15.917						

6.2　螺纹几何参数误差对互换性的影响

内、外螺纹加工后，外螺纹的大径和小径要分别小于内螺纹的大径和小径，才能保证旋合性。由于螺纹旋合后主要是依靠螺牙侧面工作，如果内、外螺纹的牙侧接触不均匀，就会造成负荷分布不均，势必降低螺纹的配合均匀性和联结强度。因此对螺纹互换性影响较大的参数是中径、螺距和牙型半角。

6.2.1　螺距误差对互换性的影响

普通螺纹的螺距误差可分为单个螺距误差(ΔP)和螺距累积误差(ΔP_Σ)两种。

单个螺距误差是指单个螺距的实际值与其公称值的代数差，它与旋合长度无关。

螺距累积偏差是指在规定的螺纹长度内，任意两同名牙侧与中径线交点间的实际轴向距离与其公称值的最大差值，它与旋合长度有关。螺距累积偏差对互换性的影响更为明显。

如图 6.3 所示，假设内螺纹具有理想基本牙型，与存在螺距偏差的外螺纹结合。外螺纹 N 个螺距的累积误差 ΔP_Σ (μm)。内、外螺纹牙侧产生干涉而不能旋合。为防止干涉，使具有 ΔP_Σ 的外螺纹旋入理想的内螺纹，就必须使外螺纹的中径减小一个数值 f_p (μm)。

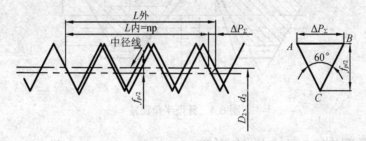

图 6.3　螺距累积偏差对旋合性的影响示例

同理，假设外螺纹具有理想基本牙型，与存在螺距偏差的内螺纹结合。设在 N 个螺牙的旋合长度内，内螺纹存在 ΔP_Σ。为保证旋合性，就必须将内螺纹中径增大一个数值 f_p。

所以，f_p 就是为补偿螺距累积误差而折算到中径上的数值，称为螺距误差的中径当量。两种情况下的当量计算公式为

$$f_p = 1.732|\Delta P_\Sigma|$$

6.2.2　牙型半角误差对互换性的影响

牙型半角误差指牙型半角的实际值与公称值的代数差，如图 6.4 所示。由于外螺纹存在半角误差，当它与具有理想牙型的内螺纹旋合时，外螺纹左侧牙型半角偏差为负值，右侧牙型半角偏差为正值，将分别在牙的上半部 $3H/8$ 处和下半部 $2H/8$ 处发生干涉(用阴影示出)，从而影响内、外螺纹的可旋合性。为了让一个有半角误差的外螺纹仍能旋入内螺纹中，须将外螺纹的中径减小至图中双点划线处，减小的这个量称为半角误差的中径当量

$f_{\alpha/2}$。这样，阴影所示的干涉区就会消失，从而保证了螺纹的可旋合性。由图 6.4 中几何关系，可以推导出在一定的半角误差情况下，外螺纹牙型半角误差的中径当量 $f_{\alpha/2}$，即

$$f_{\alpha/2} = 0.073P[K_1|\Delta_{\alpha_1/2}| + K_2|\Delta_{\alpha_2/2}|]$$

式中：P——螺距(mm)；

$\Delta_{\alpha_1/1}$，$\Delta_{\alpha_2/2}$——左、右牙型半角误差；

K_1，K_2——左、右牙型半角误差系数。

对外螺纹，当牙型半角误差为正值时，K_1 和 K_2 取值为 2；为负值时，K_1 和 K_2 取值为 3。内螺纹左、右牙型半角误差系数的取值与外螺纹正好相反。

式(6-1)是一个通式，是以外螺纹存在半角误差时推导出来的。当假设外螺纹具有理想牙型，而内螺纹存在半角误差时，就需要将内螺纹的中径加大一个 $f_{\alpha/2}$，所以式(6-1)对内螺纹同样适用。

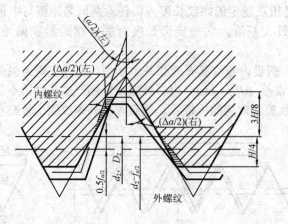

图 6.4　牙型半角误差

6.2.3　中径误差对互换性的影响

中径误差是指中径的实际尺寸(以单一中径体现)与基本尺寸的代数差。

当内、外螺纹旋合时，相互作用集中在牙型侧面，中径的差异直接影响着牙型侧面的接触状态。若外螺纹的中径小于内螺纹的中径，就能保证内、外螺纹的旋合性；若外螺纹的中径大于内螺纹的中径，就难以旋合。但是，如果外螺纹的中径过小，或内螺纹中径过大，就会使牙侧间的间隙增大，联结强度降低。所以，加工螺纹牙型时，应当对中径误差加以控制。

6.2.4　保证普通螺纹互换性的条件

影响螺纹互换性的参数主要是中径、螺距和牙型半角。由于螺距误差和牙型半角误差对螺纹互换性的影响可以折算为中径当量，并与中径尺寸偏差形成作用中径。这样，可以不单独规定螺距公差和牙型半角公差，而仅规定一项作用中径公差，来控制中径本身的尺寸偏差、螺距偏差和牙型半角偏差的综合影响。

当普通螺纹没有螺距误差和牙型半角误差时，内、外螺纹旋合时起作用的中径便是螺

纹的实际中径。对于外螺纹，当存在牙型半角误差时，为保证可旋合性，须将外螺纹中径减小一个当量 $f_{\alpha/2}$，否则，外螺纹将旋不进具有理想牙型的内螺纹，即相当于外螺纹在旋合中真正起作用的中径比实际中径增大了一个 $f_{\alpha/2}$ 值。同理，当该外螺纹同时又存在螺距累积误差时，该外螺纹真正起作用的中径又比原来增大了一个 f_p 值，即对于外螺纹而言，螺纹结合中起作用的中径(作用中径)为

$$d_{2\,作用}= d_{2\,单一} +(f_p+ f_{\alpha/2})$$

对于内螺纹而言，当存在牙型半角误差和螺距累积误差时，相当于内螺纹在旋合中起作用的中径值减小了，即内螺纹的作用中径为

$$d_{2\,作用}= d_{2\,单一} -(f_p+ f_{\alpha/2})$$

因此，螺纹在旋合时起作用的中径(作用中径)是由实际中径(单一中径)、螺距累积误差、牙型半角误差三者综合作用的结果而形成的。

如果外螺纹的作用中径过大，内螺纹的作用中径过小，将使螺纹难以旋合。若外螺纹的实际中径过小，内螺纹的实际中径过大，将会影响螺纹的联结强度。所以从保证螺纹旋合性和联结强度看，螺纹中径合格性判断应遵循泰勒原则：实际螺纹的作用中径不允许超出最大实体牙型的中径，任何部位的单一中径不允许超出最小实体牙型的中径。用表达式表示如下：

外螺纹：

$$d_{2\,作用}\leqslant d_{2\max} ,\quad d_{2\,单一}\geqslant d_{2\min}$$

内螺纹：

$$d_{2\,作用}\geqslant D_{2\min} ,\quad d_{2\,单一}\leqslant D_{2\max}$$

所谓最大与最小实体牙型是指在螺纹中径公差范围内，分别具有材料量最多和最少且与基本牙型形状一致的螺纹牙型。

6.3　普通螺纹结合的互换性

为保证螺纹的互换性，国家标准《普通螺纹 公差》(GB/T 197—2003)中，规定了普通螺纹公差带的位置和基本偏差、螺纹公差带的大小和公差等级、螺纹的旋合长度、螺纹公差带及配合的选用、螺纹的标记等内容。国家标准中没有对普通螺纹的牙型半角误差和螺距累积误差制定极限误差或公差，而是用中径公差进行控制。

6.3.1　普通螺纹的公差带

普通螺纹公差带由公差等级决定其大小，基本偏差决定其位置。普通螺纹公差带是以基本牙型为零线，沿着螺纹牙型的牙侧、牙顶、牙底布置，在垂直于螺纹轴线的方向上计量。如图 6.5 所示，ES(es)、EI(ei)分别为内外螺纹的上、下偏差，国家标准《普通螺纹 公差》(GB/T 197—2003)中规定了普通螺纹的中径(D_2，d_2)、顶径(外螺纹大径 d，内螺纹的小径 D_1)公差带，而对螺纹底径(内螺纹的大径 D，外螺纹的小径 d_1)没有规定公差，只对内螺纹的大径规定了下极限尺寸，对外螺纹的小径规定了上极限尺寸，这样有间隙保

证，避免螺纹旋合时在大径、小径处发生干涉，以保证螺纹的互换性。同时对外螺纹的小径处由刀具保证圆弧过渡，以提高螺纹受力时的抗疲劳强度。

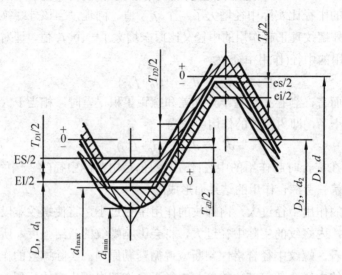

图 6.5　普通螺纹的公差带

1. 基本偏差

基本偏差决定了普通螺纹公差带相对于基本牙型的位置。国家标准对外螺纹规定了四种基本偏差，代号为 e、f、g、h。对内螺纹规定了两种基本偏差，代号为 G、H，如图 6.6 所示。内外螺纹的基本偏差值如表 6.2 所示。

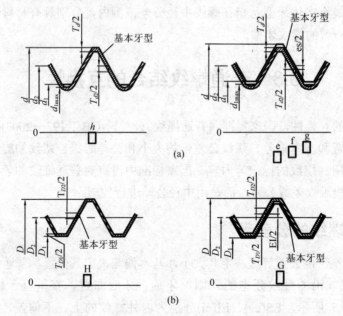

图 6.6　内外螺纹的基本偏差

表 6.2 内、外螺纹的基本偏差 D_2，d_2

基本偏差 螺距 /mm	内螺纹 D_2、D_1		外螺纹 d_2、d_1			
	G	H	E	f	g	h
	EI		es			
0.75	+22		−56	−38	−22	
0.8	+24		−60	−38	−24	
1	+26		−60	−40	−26	
1.25	+28		−63	−42	−28	
1.5	+32	0	−67	−45	−32	0
1.75	+34		−71	−48	−34	
2	+38		−71	−52	−38	
2.5	+42		−80	−58	−42	
3	+48		−85	−63	−48	

2. 公差等级

公差等级决定了普通螺纹公差带的大小(即公差值的大小)，国家标准规定的中径、顶径公差等级如表 6.3 所示。一般情况下，螺纹的 6 级公差为常用公差等级。螺纹的公差值除与公差等级有关外，还与基本螺距有关，公差值是由经验公式计算而来，国家标准规定的各公差值如表 6.4 和表 6.5 所示。考虑到内螺纹加工困难，在公差等级和螺距的基本值均一样的情况下，内螺纹的公差值比外螺纹的公差值大 32%。

表 6.3 螺纹公差等级

螺纹直径		公差等级
内螺纹	中径 D_2	4、5、6、7、8
	顶径(小径)D_1	
外螺纹	中径 d_2	3、4、5、6、7、8、9
	顶径(大径)d	4、6、8

表 6.4 内外螺纹中径公差

公称直径 D/mm		螺距 P/mm	内螺纹中径公差 T_{D2}				外螺纹中径公差 T_{d2}			
>	≤		公差等级							
			5	6	7	8	5	6	7	8
5.6	11.2	0.75	106	132	170	—	80	100	125	—
		1	118	150	190	236	90	112	140	180
		1.25	125	160	200	250	95	118	150	190
		1.5	140	180	224	280	106	132	170	212
11.2	22.4	0.75	112	140	180	—	85	106	132	—
		1	125	160	200	250	95	118	150	190
		1.25	140	180	224	280	106	132	170	212
		1.5	150	190	236	300	112	140	180	224
		1.75	160	200	250	315	118	150	190	236
		2	170	212	265	335	125	160	200	250
		2.5	180	224	280	355	132	170	212	265

续表

公称直径 D/mm		螺 距	内螺纹中径公差 T_{D2}				外螺纹中径公差 T_{d2}			
			公差等级							
>	≤	P/mm	5	6	7	8	5	6	7	8
22.4	45	1	132	170	212	—	100	125	160	200
		1.5	160	200	250	315	118	150	190	236
		2	180	224	280	355	132	170	212	265
		3	212	265	335	425	160	200	250	315

表 6.5　内外螺纹顶径公差

公差项目 公差等级 螺距 P/mm	内螺纹顶径(小径)公差 T_{D1}				外螺纹顶径(大径)T_d		
	5	6	7	8	4	6	8
0.75	150	190	236	—	90	140	
0.8	160	200	250	315	95	150	236
1	190	236	300	375	112	180	280
1.25	212	265	335	425	132	212	335
1.5	236	300	375	475	150	236	375
1.75	265	335	425	530	170	265	425
2	300	375	475	600	180	280	450
2.5	355	450	560	710	212	335	530
3	400	500	630	800	236	375	600

6.3.2　螺纹精度与旋合长度

螺纹精度由螺纹公差带和旋合长度构成,如图 6.7 所示。国家标准按公称直径和螺距基本尺寸规定了三组旋合长度,分别为短旋合长度 S、中等旋合长度 N 和长旋合长度 L。设计时一般采用中等旋合长度 N,中等旋合长度是螺纹公称直径的 0.5~1.5 倍。螺纹旋合长度如表 6.6 所示。螺纹旋合长度越长,螺距累积误差越大。因此公差等级相同而旋合长度不同时,螺纹精度就有所不同,如表 6.7 所示。根据不同的使用场合,国家标准按螺纹公差等级和旋合长度规定了三种类型的公差带,分别是精密级、中等级和粗糙级,代表着不同的加工难度。精密级用于精密联结螺纹;中等级用于一般用途联结;粗糙级用于要求不高及制造困难的螺纹。

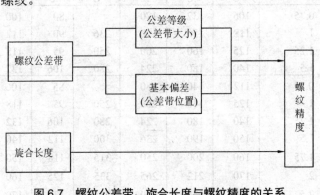

图 6.7　螺纹公差带、旋合长度与螺纹精度的关系

表 6.6　螺纹旋合长度(摘自 GB/T 197—2003)　　　　　　单位：mm

基本大径 (D、d)		螺距 P	旋合长度				基本大径 (D、d)		螺距 P	旋合长度			
			S	N		L				S	N		L
>	≤		≤	>	≤	>	>	≤		≤	>	≤	>
5.6	11.2	0.75	2.4	2.4	7.1	7.1	22.4	45	1	4	4	12	12
		1	3	3	9	9			1.5	6.3	6.3	19	19
		1.25	4	4	12	12			2	8.5	8.5	25	25
		1.5	5	5	15	15			3	12	12	36	36
11.2	22.4	1	3.8	3.8	11	11			3.5	15	15	45	45
		1.25	4.5	4.5	13	13			4	18	18	53	53
		1.5	5.6	5.6	16	16			4.5	21	21	63	63
		1.75	6	6	18	18							
		2	8	8	24	24	…	…					
		2.5	10	10	30	30							

6.3.3　普通螺纹公差带及配合的选择

用螺纹公差等级和基本偏差可以组成各种不同的公差带，如 7H 和 6g 等。在生产中，为了减少螺纹刀具和螺纹量具的规格和数量，同时又能满足各种使用要求，提高经济效益，规定了内、外螺纹的选用公差带，如表 6.7 所示。一般情况下，选用中等精度、中等旋合长度的公差带，即内螺纹公差带常选用 6H，外螺纹公差带选用 6h、6g 较多。螺纹公差带代号由公差等级和基本偏差代号组成，它的写法是公差等级在前，偏差代号在后。如 7H、6G、6h、5g 等。表中有些螺纹公差带是由两个公差带代号组成的，前面一个为中径公差带，后面一个为顶径公差带。当顶径与中径公差带相同时，合写为一个公差代号。

表 6.7　普通螺纹的推荐公差带

精度等级	内螺纹公差带			外螺纹公差带			
	S	N	L	S	N		L
精密级	4H	5H	6H	(3h4h)	*4h (4g)		(5h4h) (5g4g)
中等级	*5H (5G)	*6H (6G)	*7H (7G)	(5h6h) (5g6g)	*6e *6f *6g *6h		(7h6h) (7g6g) (7e6e)
粗糙级	—	7H (7G)	8H (8G)		8g (8e)		(9g8g) (9e8e)

注：① 大量生产的精制紧固螺纹，推荐采用带方框的公差带。

② 带*的公差带应优先选用，不带*的公差带应其次选用，加括号的公差带尽量不用。

表中列出的公差带，按照配合规律，它们可以任意组合成各种配合。为了保证联结强度、接触高度和装拆方便，国家标准推荐优先采用 H/g、H/h 或 G/h 的配合。对于大批量生产的螺纹，为了装拆方便，应选用 H/g 或 G/h 组成配合。对单件小批量生产的螺纹，可用 H/h 组成配合，以适应手工拧紧和装配速度不高等使用特性。

6.3.4　螺纹表面粗糙度要求

螺纹牙侧的表面粗糙度主要根据螺纹的用途和中径公差等级来确定，国家标准给出了普通螺纹的牙侧表面粗糙度 Ra 的推荐值，如表 6.8 所示。

表 6.8　螺纹的牙侧表面粗糙度参数 Ra 值　　　　　　　　　　　　　　　单位：μm

工　件	螺纹中径公差等级		
	4～5	6～7	7～9
	Ra 不大于		
螺栓、螺钉、螺母	1.6	3.2	3.2～6.3
轴及套上的螺纹	0.8～1.6	1.6	3.2

6.3.5　螺纹在图样上的标注

1. 单个螺纹的标记

螺纹的完整标记由螺纹代号、公称直径、螺距、公差带代号、旋合长度代号(或数值)、旋向组成。

(1) 当螺纹是粗牙普通螺纹时，螺距省略标注。

(2) 当螺纹为右旋螺纹时，不标注旋向；当螺纹为左旋螺纹时，应加注"LH"字样。

(3) 当螺纹中径、顶径公差带相同时，合写为一个。

(4) 当螺纹旋合长度为中等时，省略旋合长度标注。

例 6-1　解释螺纹标记 M20×1.5LH -5g6g-S 的含义。

解： M——普通螺纹代号；

　　20——螺纹公称直径；

　　1.5——细牙螺纹螺距(粗牙螺纹螺距不注)；

　　LH——左旋(右旋不标注)；

　　5g——螺纹中径公差代号，字母小写代表外螺纹；

　　6g——螺纹顶径公差代号，字母小写代表外螺纹；

　　S——短旋合长度代号(中等旋合长度不标记)。

例 6-2　解释螺纹标记 M16-5H6H-18 的含义。

解： M16——普通螺纹代号、公称直径、螺纹为粗牙；

　　5H6H——螺纹中径、顶径公差代号，字母大写代表内螺纹。

　　18——旋合长度数值。

例 6-3　解释螺纹标记 M20×2-6H 号的含义。

解： M20×2——普通螺纹代、公称直径、细牙螺距。

　　6H——内螺纹中径、顶径公差代号。

2. 螺纹配合在图样上的标记

标注螺纹配合时，内、外螺纹的公差代号用斜线分开，左边为内螺纹公差代号，右边为外螺纹公差代号。如 M20×2—6H/5g6g—S、M20×2—6H/6g。

6.4　普通螺纹的测量

本节主要介绍普通螺纹的检测。国家标准对普通螺纹的中径和顶径尺寸规定了公差，且螺纹中径是影响螺纹互换性的主要参数。由于影响螺纹配合性质的螺距误差、牙型半角误差可换算成螺纹中径的当量值来处理，所以，在螺纹测量中，螺纹中径误差的检测是重要的，其检测方法有两类：综合检验和单项测量。

6.4.1　普通螺纹的综合检验

综合检验是指用螺纹极限量规检验螺纹的旋合性(作用中径)与可靠性(单一中径)。其特点是只能评定内、外螺纹的合格性，不能测出实际参数的具体数值。其操作简便，检测效率高，适用于批量生产的中等精度的螺纹。

1. 用螺纹工作环规检测外螺纹中径误差

检验外螺纹的螺纹量规称为螺纹工作环规，由通端螺纹工作环规、止端螺纹工作环规组成。

1) 通端螺纹工作环规

通端螺纹工作环规用于检验外螺纹作用中径(d_2作用)，其次可控制螺纹小径的最大极限尺寸(d_{1max})。通端螺纹工作环规应有完整的牙型，合格的外螺纹都应被通端工作环规在全长上旋合，这就保证了外螺纹的作用中径未超出最大实体牙型的中径，即 $d_{2作用} < d_{2max}$，$d_{1a} \leq d_{1max}$。

2) 止端螺纹工作环规

止端螺纹工作环规用于检验外螺纹单一中径。止端螺纹环规的牙型为截短的不完整牙型(2~3.5 牙)，检验时，止端螺纹环规的旋合量不得多于 1~2 牙，这就保证了外螺纹的单一中径没有超出最小实体牙型的中径，即 $d_{2单一} > d_{2min}$。

图 6.8 为检验外螺纹的示例，先用卡规检验外螺纹顶径的合格性，再用通端螺纹工作环规和止端螺纹工作环规检验。

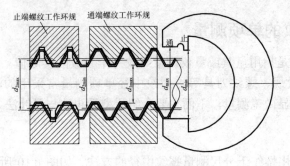

图 6.8　外螺纹的综合检验

2. 用螺纹工作塞规检验内螺纹中径误差

检验内螺纹的螺纹量规称为螺纹工作塞规，其由通端螺纹工作塞规和止端螺纹工作塞规组成。

1) 通端螺纹工作塞规

通端螺纹工作塞规主要用于检验内螺纹的作用中径(D_2 作用)，还可控制内螺纹大径最小极限尺寸(D_{min})。T 规应有完整的牙型，合格的内螺纹都应被通端螺纹工作塞规在全长上旋合，这就保证了内螺纹的作用中径及内螺纹的大径不小于它们的下极限尺寸，即 $D_{2\text{作用}} > D_{2min}$，$D_a \geq D_{min}$。

2) 止端螺纹工作塞规

止端工作塞规用于检验内螺纹单一中径。止端螺纹塞规的牙型为截短的不完整牙型(2~3.5 牙)，检验时，止端工作塞规的旋合量不得多于 1~2 牙，这样可保证内螺纹的单一中径没有超出最小实体牙型的中径，即 $D_{2\text{单一}} < D_{2max}$。

图 6.9 为检验内螺纹的示例，先用塞规检验内螺纹顶径的合格性，再用通端螺纹工作塞规、止端螺纹工作塞规检验。

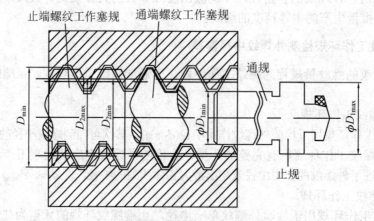

图 6.9　内螺纹的综合检验

特别指出：上面只介绍了综合检验螺纹中径的方法。螺纹的综合检验还包括顶径公差带的检测，内外螺纹的顶径尺寸分别由光滑塞规、光滑卡规检测，只有两者全部合格，才能确定内、外螺纹的合格性。

6.4.2　普通螺纹的单项测量

螺纹的单项测量是指用量具或量仪测量螺纹每个参数的实际值。单项测量主要用于测量精密螺纹、螺纹量规、螺纹刀具等。螺纹中径单项测量常采用的测量方法有牙型量头法、量针法及用工具显微镜测量，下面主要介绍牙型量头法与量针法。

1. 牙型量头法

牙型量头法是指用螺纹千分尺测量螺纹中径的方法。如图 6.10 所示，在螺纹轴线两边牙型上，分别卡入与螺纹牙型角规格相同的 V 形槽和圆锥形头，可以测出外螺纹中径的实际尺寸。此类螺纹千分尺附有一套不同尺寸和牙型的成对可换测头，每对测头只能用来测量一定螺距范围的螺纹。其规格有 0～25mm 直至 325～350mm。

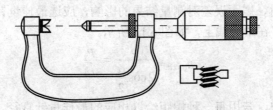

图 6.10　用千分尺测中径

由于螺距、半角误差的影响，测量误差较大，故此法只适用于测量精度较低的螺纹(如工序间测量、或粗糙级螺纹工件)，不能用来测量螺纹切削工具和螺纹量具。

2. 量针法

量针法是指把测量用的刚性圆柱形量针放在被测工件牙型内，然后，用相应的量具测出量针外母线间的跨距 M，再通过计算求出中径实际尺寸的方法。量针法属于精密的间接测量，根据针的数量，量针法又分三针、两针及单针三种。三针法测量结果稳定，应用最广。牙数很少时，可用两针代替。当螺纹直径大于 100mm 时，宜用单针量法。

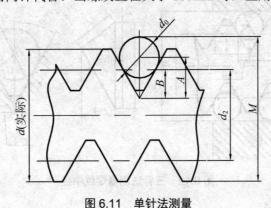

图 6.11　单针法测量

1) 单针法测量螺纹中径

如图 6.11 所示，测量时，以已加工好的外螺纹大径 d 作为测量基准，测出单针外母线与外螺纹大径间的跨距 M 值及 d 实际，通过计算求得螺纹中径 d_2，计算公式如下：

$$d_2=2M-d_{实际}-3\,d_0+0.866p \quad (\text{此式仅适用于普通螺纹}\alpha=60°\text{中}) \tag{6-2}$$

式中：$d_{实际}$——螺纹大径的实际尺寸(使用与测量 M 值同精度的量仪测量)；

d_0——量针直径；

p——螺纹螺距。

为了提高测量精度，可在 180° 方向各测一次 M 值，取算术平均值：

$$M = \frac{M_1 + M_2}{2}$$

2) 用三针法测量螺纹中径

三针法是将三根直径相同的量针放入螺纹牙型沟槽中间，用精密测量仪器测出三根外线之间的跨距 M，通过计算求得螺纹中径 d_2。计算公式如下：

$$d_2 = M - 3 d_0 + 0.866p \quad (此式仅适于普通螺纹 \alpha = 60° 中) \tag{6-3}$$

为了消除牙型半角、螺距误差对测量结果的影响，应选最佳量针 d_0 最佳，使其与螺纹牙型侧面的接触点恰好在中径线上，如图 6.12 所示。

$$d_0 最佳 = \frac{p}{2\cos\dfrac{\alpha}{2}} = \frac{p}{\sqrt{3}} \tag{6-4}$$

从式(6-4)可以看出，若用每一种螺距给以相应的最佳量针直径，可使螺纹中径的计算公式简化为

$$d_2 = M - 1.5 d_0 最佳$$

但是，这样量针的种类将增加到 20 多种，这是该测量法的不足之处。

实际测量中直接查表选择最佳量针直径，并根据被测螺纹中径的公差大小选择量针精度。常用的测量 M 值的计量器具有千分尺、机械比较仪、杠杆千分尺、光学计、测长仪等。

螺纹的分项测量还可用工具显微镜测量螺纹各个参数，请参阅相关书籍。

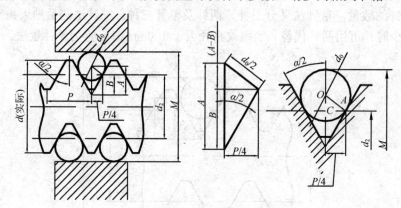

图 6.12　三针法测量螺纹中径

实验与实训

1. 实验内容

(1) 用螺纹千分尺测量外螺纹中径。

(2) 用三针测量外螺纹中径。

2. 实验目的

熟悉测量外螺纹中径的原理和方法。

3. 实验过程

(1) 用螺纹千分尺测量外螺纹中径。

① 根据被测螺纹的螺距选取一对测头。

② 擦净仪器和被测螺纹，校正螺纹千分尺零位。

③ 将被测螺纹放入两测量头之间，找正中径位置。

④ 分别在同一截面相互垂直的两个方向上测量螺纹中径，取它们的平均值作为螺纹的实际中径，然后判断被测螺纹中径的适用性。

(2) 用三针测量外螺纹中径。

① 根据螺纹的螺距 P 选择最佳量针直径 d_0：

$$d_{0\,最佳}=\frac{p}{2\cos\dfrac{\alpha}{2}}=\frac{p}{\sqrt{3}}$$

② 在尺座上安装好杠杆千分尺和三针。

③ 擦净仪器和被测螺纹，校正仪器零位。

④ 将三针放在被测螺纹的牙槽内，使千分尺的两测量面与三针接触；轻轻晃动被测螺纹，检查它与三针是否紧密接触，然后读取读数 M。

⑤ 在不同截面多次测量，得到各截面 M 值。

⑥ 根据公式 $d_{2\,单-}=M-3d_0+0.866P$，计算出各处的单一中径 $d_{2\,单-}$。

⑦ 根据所测得值 $d_{2\,单-}$，在公差带中找出其位置来，并根据泰勒原则看是否合格。

4. 实验总结

通过测量单一中径，学会计算作用中径，并学会用泰勒原则判断该零件作用中径是否合格。

习　题

1. 填空题

(1) 螺纹按用途分为三类：_____、_____和_____。

(2) 影响螺纹结合功能要求的主要加工误差有_____、_____和_____。

(3) 相互结合的内、外螺纹的旋合条件是_____。

(4) 国家标准对内螺纹规定了两种基本偏差，其代号分别为____和____；对外螺纹规定了四种基本偏差，其代号分别为____、____、____和____。

(5) 螺纹精度不仅与_____有关，而且与_____有关。旋合长度分为_____、_____和_____。分别用代号____、____和____表示。

(6) 螺纹精度等级分为_____、_____和_____。

(7) M10×1-5g6g-S 的含义：M10____，1____，5g____，6g____，S____。

(8) 螺纹的检测方法分为_____和_____。

2. 选择题

(1) 当外螺纹存在螺距误差和牙型半角误差时，外螺纹作用中径相对于单一中径的代数差应为(　　)。

A. 小于零　　　　　　　　　　B. 等于零

C. 大于零　　　　　　　　　　D. 小于或等于零

(2) 规定螺纹中径公差的目的是控制( )。

    A. 单一中径误差

    B. 单一中径和螺距累积误差

    C. 单一中径和牙型半角误差

    D. 单一中径、螺距累积误差和牙型半角误差

(3) 普通螺纹的配合精度取决于( )。

    A. 公差等级与基本偏差   B. 基本偏差与旋合长度

    C. 公差等级、基本偏差和旋合长度   D. 公差等级和旋合长度

(4) 用三针法测量并经过计算出的螺纹中径是( )。

    A. 单一中径   B. 作用中径

    C. 中径基本尺寸   D. 大径与小径的平均尺寸

(5) 螺纹公差带是以( )的牙型公差带。

    A. 基本牙型的轮廓为零线   B. 中径线为零线

    C. 大径线为零线   D. 小径线为零线

(6) 假定螺纹的实际中径在其中径极限尺寸的范围内,则可以判断螺纹是( )。

    A. 合格品   B. 不合格品   C. 无法判断

3. 判断题

(1) 螺纹中径是影响螺纹互换性的主要参数。   ( )

(2) 普通螺纹的配合精度与公差等级和旋合长度有关。   ( )

(3) 国家标准对普通螺纹除规定中径公差外,还规定了螺距公差和牙型半角公差。 ( )

(4) 当螺距无误差时,螺纹的单一中径等于实际中径。   ( )

(5) 作用中径反映了实际螺纹的中径偏差、螺距偏差和牙型半角偏差的综合作用。( )

(6) 螺距误差和牙型半角误差总是使外螺纹的作用中径增大,使内螺纹的作用中径减小。

                                         ( )

(7) 对一般的紧固螺纹来说,螺栓的作用中径应小于或等于螺母的作用中径。 ( )

(8) 普通螺纹的中径公差可以同时限制中径、螺距、牙型半角三个参数的误差。 ( )

4. 简答题

(1) 影响螺纹互换性的主要因素有哪些?

(2) 以外螺纹为例,试说明螺纹中径、单一中径和作用中径的含义和区别,并说明三者在什么情况下是相等的。

(3) 同一精度级的螺纹,为什么旋合长度不同,中径公差等级也不同?

(4) 选择普通螺纹的精度等级,应考虑哪些因素?

(5) 圆柱螺纹的综合检验与单项检验各有何特点?

(6) 丝杠螺纹与普通螺纹的精度要求有何区别?

5. 实作题

(1) 查表确定 M40-6H/6h 内、外螺纹的中径、小径和大径的基本偏差,计算内、外螺纹的中径、小径和大径的极限尺寸,绘出内、外螺纹的公差带图。

(2) 有一对普通螺纹为 M12 × 1.5-6G/6h，今测得其主要参数如表 6.9 所示。试计算内、外螺纹的作用中径，并说明此内、外螺纹中径是否合格。

表 6.9　螺纹主要参数

螺纹名称	实际中径/mm	螺距累积误差/mm	半角误差	
			左 ($\Delta_{\alpha_1/2}$)	右 ($\Delta_{\alpha_2/2}$)
内螺纹	11.236	−0.03	−1° 30′	+1°
外螺纹	10.996	+0.06	+35′	−2° 5′

(3) 有一螺栓 M20×2-5h，加工后测得结果：单一中径为 18.681mm，螺距累积误差的中径当量 f_p=0.018mm，牙型半角误差的中径当量 f_α=0.022mm，已知中径尺寸为 18.701mm，试判断该螺栓的合格性。

(4) 加工 M18 × 2-6g 的螺纹，已知加工方法所产生的螺距累积误差的中径当量 f_p=0.018mm，牙型半角误差的中径当量 f_α=0.022mm。此加工方法允许的中径实际最大、最小尺寸各是多少？

(5) 有一外螺纹 M10-6h，现改进工艺，需镀保护层，其镀层厚度在 6～8μm。该螺纹的基本偏差为多少才能满足镀后的螺纹互换性？

第7章 滚动轴承与孔轴结合的互换性

学习目标

通过本章的学习，要求读者了解滚动轴承的结构、精度等级及应用场合；掌握滚动轴承采用的基准制及内外径公差带特点；熟悉滚动轴承与轴、外壳孔配合的选择及标注。

内容导入

日常生活中常用的旱冰鞋、防盗门上均有滚动轴承，同样在机器中更是离不开滚动轴承。那么，滚动轴承的结构是什么样的？其精度及日常应用情况如何？与其配合的孔、轴的几何量精度如何选择？

7.1 概　　述

滚动轴承是机器中广泛应用的标准件之一，如图 7.1 所示，滚动轴承由外圈、内圈、滚动体(钢球或滚子)和保持架组成。它是用来支承轴颈的标准部件，一般成对使用。与滑动轴承相比，具有摩擦小、润滑简单、选用和更换方便等优点。

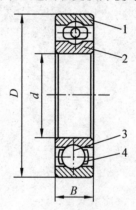

图 7.1　滚动轴承结构

1—外圈；2—内圈；3—滚动体；4—保持架

滚动轴承按承受负荷的方向分为：主要承受径向负荷的向心轴承；能同时承受径向和轴向负荷的角接触球轴承；只能承受轴向负荷的推力轴承；主要承受轴向负荷，同时也能承受一定径向负荷的推力轴承。

滚动轴承工作时，要求运转平稳、旋转精度高、噪声小。它的工作性能和使用寿命，不仅取决于轴承本身的精度，而且与其配合的外壳孔和轴的尺寸精度、形位精度和表面粗糙度等有关。

7.2　滚动轴承的精度等级及应用

7.2.1　滚动轴承的精度等级

　　滚动轴承的精度是按其外形尺寸公差和旋转精度分级的。外形尺寸公差是指成套轴承内径(d)、外径(D)和宽度尺寸(B)的公差;旋转精度是指轴承的内外圈的径向跳动、端面对滚道的跳动和端面对内孔的跳动等。

　　国家标准《滚动轴承　通用技术规则》(GB/T 307.3—2005)规定:向心轴承(圆锥滚子轴承除外)分为0、6、5、4、2 五级;圆锥滚子轴承分为 0、6x、5、4 四级;推力轴承分为0、6、5、4 四级。其中,0 级精度最低,依次升高,2 级精度最高。

7.2.2　滚动轴承精度等级的应用

　　滚动轴承各级精度的应用情况如下。

　　0 级——通常称为普通级。用于低、中速及旋转精度要求不高的一般旋转机构,它在机械产品中应用最广,如普通机床变速箱、进给箱的轴承,汽车、拖拉机变速器的轴承,普通电动机等旋转机构中的轴承等。

　　6 级——用于转速、旋转精度要求都较高的旋转机构,如普通机床的主轴轴承(后轴)、精密机床传动轴的轴承等。

　　5、4 级——用于高速、高旋转精度要求的机构,如精密机床的主轴轴承,精密仪器的主要轴承等。

　　2 级——用于转速很高、旋转精度要求也很高的机构,如精密坐标镗床的主轴轴承、高精度仪器及其他高转速机构中的主要轴承。

7.3　滚动轴承的内、外径公差带

7.3.1　滚动轴承的公差

　　滚动轴承是标准件,它的内圈内径 d (简称内径)和轴的配合为基孔制,而外圈外径 D(简称外径)和外壳孔的配合为基轴制。由于滚动轴承的内、外圈为薄壁零件,在制造和保管过程中容易产生变形,但当轴承内圈与轴颈、外圈与外壳孔配合后,这种变形又会得到一定的矫正。因此,国家标准对轴承的内、外径各规定了两种尺寸公差:其一是规定了内、外圈的单一平面平均内(外)径偏差 $\Delta d_{mp}(\Delta D_{mp})$,即轴承内、外圈任意横截面内测得的最大直径与最小直径的平均值与公称直径的差必须在极限偏差范围内,目的是控制轴承的配合,因为平均尺寸是配合时起作用的尺寸;其二又规定了内、外圈的单一内(外)径偏差 $\Delta d_s(\Delta D_s)$,即轴承内、外圈任意横截面内最大直径、最小直径与公称直径的差必须在极限偏差范围内,目的是限制变形量。

　　对于高精度的 2、4 级轴承,上述两个公差项目都做了规定,而其余公差等级的轴承,只规定了第一项。表 7.1 列出了部分向心轴承内、外圈的单一平面平均内(外)径偏差

$\Delta d_{\mathrm{mp}}(\Delta D_{\mathrm{mp}})$的值。

表 7.1　向心轴承 Δd_{mp} 和 ΔD_{mp} 的极限值(摘自 GB/T 307.1—2005)

精度等级		0		6		5		4		2	
基本直径/mm		极限偏差/μm									
大于	到	上偏差	下偏差	上偏差	下偏差	上偏差	下偏差	上偏差	下偏差	上偏差	下偏差
内圈	18	30	0	−10	0	−8	0	−6	0	−5	0	−2.5
	30	50	0	−12	0	−10	0	−8	0	−6	0	−2.5
外圈	50	80	0	−13	0	−11	0	−9	0	−7	0	−4
	80	120	0	−15	0	−13	0	−10	0	−8	0	−5

7.3.2　滚动轴承的内外径公差带特点

　　滚动轴承壁较薄,易磨损,在机构中一般内圈随轴一起旋转,外圈和外壳固定在一起。为了内圈随轴颈一起转动,防止配合表面之间发生相对运动而产生磨损,轴承内圈与轴颈配合要有适当的过盈量,但又不能太大,以保证拆卸方便及内圈材料不因产生过大应力而变形和失效。因此,国家标准规定轴承内圈基准孔公差带位于以公称直径 d 为零线的下方,上偏差为零,下偏差为负,如图 7.2 所示。

　　国家标准规定轴承外圈基准轴公差带位于以公称直径 D 为零线的下方,上偏差为零,下偏差为负,如图 7.2 所示。该公差带与一般基准轴的公差带位置相同,但这两种公差带的公差数值不同,滚动轴承的精度高,公差数值稍小些。

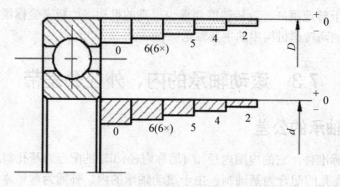

图 7.2　滚动轴承内、外圈公差带图

7.4　滚动轴承的配合及选择

7.4.1　滚动轴承的配合

　　国家标准《滚动轴承与轴和外壳的配合》(GB/T 275—1993)中,对与 0 级和 6 级滚动轴承内径配合的轴规定了 17 种公差带,与轴承外径配合的外壳孔规定了 16 种公差带,如图 7.3 所示。

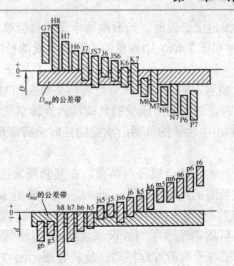

图 7.3　滚动轴承与外壳孔、轴配合的尺寸公差带

7.4.2　滚动轴承配合的选择

正确地选用滚动轴承与轴径和外壳孔的配合，可以提高轴承的使用寿命，保证机器正常运转，充分发挥其作用。因此，选用轴与外壳公差带时，主要考虑以下几个方面。

1. 负荷类型

轴承工作时，所受的径向负荷一般有两种情况。

(1) 作用在轴承上的合成径向负荷为一定值向量 F_0(如齿轮的作用力)，该向量与该轴承的外圈或内圈相对静止，如图 7.4(a)和图 7.4(b)所示。

(2) 作用在轴承上的合成径向负荷是由一个与轴承套圈相对静止的定值向量 F_0 和一个较小的相对旋转负荷 F_1(如离心力)合成的，如图 7.4(c)和图 7.4(d)所示。

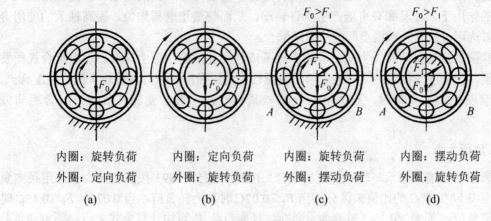

内圈：旋转负荷	内圈：定向负荷	内圈：旋转负荷	内圈：摆动负荷
外圈：定向负荷	外圈：旋转负荷	外圈：摆动负荷	外圈：旋转负荷
(a)	(b)	(c)	(d)

图 7.4　轴承套圈承受的负荷类型

经过分析可知，轴承套圈承受以下三种负荷。

1) 定向负荷

轴承运转时，作用于轴承上的合成径向负荷若与某套圈相对静止，该负荷始终方向不变地作用在该套圈的局部滚道上，此时，该套圈所承受的负荷称为定向负荷。

图 7.4(a)中轴承的外圈和图 7.4(b) 中轴承的内圈所承受的径向负荷都是定向负荷。

2) 旋转负荷

轴承运转时，作用于轴承上的合成径向负荷若与某套圈相对旋转，并顺次作用在该套圈的整个圆周滚道上，此时，该套圈所承受的负荷称为旋转负荷。图 7.4(a)和图 7.4(c)中轴承的内圈和 7.4(b)和图 7.4 (d)中轴承的外圈所承受的径向负荷都是旋转负荷。

3) 摆动负荷

轴承运转时，作用于轴承上的合成径向负荷若在某套圈滚道的一定区域内相对摆动，则它连续摆动地作用在该套圈的局部滚道上，此时，该套圈所承受的负荷称为摆动负荷。如图 7.5 所示，轴承受到定向负荷 F_0 和较小的旋转负荷 F_1 的同时作用，二者的合成负荷 F 将由小到大、再由大到小呈周期性地在 $A'B'$ 区域内摆动，此时固定套圈，图 7.4(c)中的外圈和图 7.4 (d) 中的内圈相对于负荷方向摆动；旋转套圈，图 7.4(c)中的内圈和图 7.4 (d) 中的外圈则相对于负荷方向旋转。

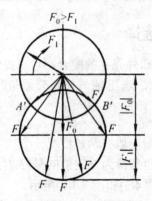

图 7.5　摆动负荷

当套圈受定向负荷时，其配合一般选得松些，甚至可有不大的间隙，以便在滚动体摩擦力矩的作用下，让套圈有可能产生少许转动，从而使滚道磨损均匀，提高轴承的使用寿命。一般选用过渡配合或极小间隙的间隙配合。

当套圈受旋转负荷时，为防止套圈在轴颈或外壳孔的配合面上打滑，引起配合表面发热、磨损，配合应选得紧些，一般选用过盈量较小的过盈配合或过盈量较大的过渡配合。

当套圈受摆动负荷时，选择其配合的松紧程度，一般与受旋转负荷的配合相同或稍松些。

2. 负荷大小

国家标准《滚动轴承与轴和外壳的配合》(GB/T 275—1993)按照负荷大小可用径向负荷 F_r 和额定动负荷 C 的比值来区分：当 $F_r \leqslant 0.07C$ 时称为轻负荷；当 $0.07C < F_r \leqslant 0.15C$ 时称为正常负荷；当 $F_r > 0.15C$ 时称为重负荷。径向负荷 F_r 可由计算公式求出，额定动负荷 C 在相关手册中可以查到。

轴承在重负荷和冲击负荷作用下，套圈容易产生变形，使配合面受力不均匀，引起配合松动。因此，负荷越大，过盈量应选得越大；承受冲击负荷应比承受平稳负荷选用较紧的配合。

3. 其他因素

轴承运转时，由于摩擦发热和散热条件不同等原因，轴承套圈的温度经常高于与其相配零件的温度。因此，热膨胀可能使轴承内圈与轴的配合松动，外圈与外壳孔的配合可能变紧。所以在选择配合时，必须考虑工作温度的影响，并加以修正。

为了轴承安装与拆卸方便，宜采用较松的配合，特别是对重型机械用的大型或特大型轴承尤为重要。

对于承受负荷较大且要求较高旋转精度的轴承，为了消除弹性变形和振动的影响，应避免采用间隙配合。

此外，选用轴承配合时，还要考虑轴和外壳孔的结构与材料、旋转速度等因素。

综上所述，影响滚动轴承配合选用的因素很多，在生产实践中通常采用类比法。表 7.2 和表 7.3 分别列出了国家标准规定的向心轴承与角接触轴承的轴、外壳孔配合的公差带。

表 7.2　向心轴承和轴的配合及轴公差带代号(摘自 GB/T 275—1993)

运动状态		负荷状态	深沟球轴承、调心球轴承和角接触球轴承	圆柱滚子轴承和圆锥滚子轴承	调心滚子轴承	公差带
说　明	举　例		轴承公称内径/mm			
旋转的内圈负荷及摆动负荷	一般通用机械、电动机、机床主轴、泵、内燃机、直齿轮传动装置、铁路机车车辆轴箱、破碎机等	轻负荷	≤18	—	—	h5
			>18～100	≤40	≤40	j6[①]
			>100～200	>40～140	>40～140	k6[①]
			—	>140～200	>140～200	m6[①]
		正常负荷	≤18	—	—	j5、js5
			>18～100	≤40	≤40	k5[②]
			>100～140	>40～100	>40～65	m5[②]
			>140～200	>100～140	>65～100	m6
			>200～280	>140～200	>100～140	n6
			—	>200～400	>140～280	p6
			—	—	>280～500	r6
		重负荷		>50～140	>50～140	n6
				>140～200	>100～140	p6[③]
				>200	>140～200	r6
				—	>200	r7
固定的内圈负荷	静止轴上的各种轮子、张紧轮绳轮、振动筛、惯性振动器	所有负荷	所有尺寸			f6
						g6[①]
						h6
						j6

续表

运动状态		负荷状态	深沟球轴承、调心球轴承和角接触球轴承	圆柱滚子轴承和圆锥滚子轴承	调心滚子轴承	公差带
说　明	举　例		轴承公称内径/mm			
仅有轴向负荷		所有尺寸				
圆锥孔尺寸						
所有负荷	铁路机车车辆轴箱	装在退卸套上的所有尺寸				h8(IT6)[3][4]
	一般机械传动	装在紧定套上的所有尺寸				h9(IT7)[3][4]

注：① 凡有较高精度要求的场合，应用 j5,k5,…,代替 j6,k6,…。

② 圆锥滚子轴承、角接触球轴承配合对游隙影响不大，可用 k6、m6 代替 k5、m5。

③重负荷下轴承游隙应选大于 0 组。

④凡有较高精度或转速要求的场合，应选用 h7(IT5)代替 h8(IT6)等。

表 7.3　向心轴承和孔的配合及孔公差带代号(摘自 GB/T 275—1993)

运动状态		负荷状态	其他状况	公差带[1]	
说　明	举　例			球轴承	滚子轴承
固定的外圈负荷	一般机械、铁路机车车辆轴箱、电动机、泵、曲轴主轴承	轻、正常、重	轴向易移动，可采用剖分式外壳	H7、G7[2]	
		冲击			
摆动负荷		轻、正常	轴向能移动，可采用整体或剖分式外壳	J7、JS7	
		正常、重		K7	
		冲击		M7	
旋转的外圈负荷	张紧滑轮、轮毂轴承	轻	轴向不移动，可采用整体式外壳	J7	K7
		正常		K7、M7	M7、N7
		重		—	N7、P7

注：① 并列公差带随尺寸的增大从左至右选择，对旋转精度有较高要求时，可相应提高一个公差等级。

② 不适用于部分式外壳。

7.4.3　配合表面的其他技术要求

国家标准《滚动轴承与轴和外壳的配合》(GB/T 275—1993)规定了与轴承配合的轴径和外壳孔表面的圆柱度公差、轴肩及外壳孔端面的圆跳动公差、各表面的粗糙度要求，如表 7.4 和表 7.5 所示。

表 7.4　轴径和外壳孔的形位公差

基本尺寸/mm		圆柱度 t				端面圆跳动 t_1			
		轴　径		外壳孔		轴　肩		外壳孔肩	
		轴承公差等级							
		0	6(6x)	0	6(6x)	0	6(6x)	0	6(6x)
大　于	至	公差值/μm							
	6	2.5	1.5	4	2.5	5	3	8	5
6	10	2.5	1.5	4	2.5	6	4	10	6
10	18	3.0	2.0	5	3.0	8	5	12	8
18	30	4.0	2.5	6	4.0	10	6	15	10
30	50	4.0	2.5	7	4.0	12	8	20	12
50	80	5.0	3.0	8	5.0	15	10	25	15
80	120	6.0	4.0	10	6.0	15	10	25	15
120	180	8.0	5.0	12	8.0	20	12	30	20
180	250	10.0	7.0	14	10.0	20	12	30	20
250	315	12.0	8.0	16	12.0	25	15	40	25
315	400	13.0	9.0	18	13.0	25	15	40	25
400	500	15.0	10.0	20	15.0	25	15	40	25

表 7.5　配合面的表面粗糙度　　　　　　　　　　　　单位：μm

轴或轴承座直径/mm		轴或外壳配合表面直径公差等级								
		IT7			IT6			IT5		
		表面粗糙度								
大于	至	Ra	Ra		Ra	Ra		Ra	Ra	
			磨	车		磨	车		磨	车
80	80	10	1.6	3.2	6.3	0.8	1.6	4	0.4	0.8
	500	16	1.6	3.2	10	1.6	3.2	6.3	0.8	1.6
端面		25	3.2	6.3	25	3.2	6.3	10	1.6	3.2

7.4.4　滚动轴承与孔、轴配合应用举例

例 7-1　有一圆柱齿轮减速器，小齿轮轴要求较高的旋转精度，装有 0 级向心球轴承，轴承尺寸为 50mm×110mm×27mm，额定动负荷 C=32000N，轴承承受的径向负荷 F=4000N。试用类比法确定轴径和外壳孔的公差带代号，画出公差带图，并确定孔、轴的形位公差值和表面粗糙度，将它们分别标注在装配图和零件图上。

解：由题意可知，小齿轮轴的轴承内圈与小齿轮轴一起旋转，外圈装在减速器的壳体中，不旋转。而齿轮减速器通过齿轮传递转矩，小齿轮轴的轴承主要承受齿轮传递的径向力，为定向负荷。因此，该轴承内圈相对于负荷方向旋转，承受旋转负荷，它与轴颈的配合应较紧；其外圈相对静止于负荷，承受定向负荷，它与外壳孔的配合应较松。此外，据题意，F/C=4000/32000=0.13，为正常负荷。

根据以上分析和题中给定条件，从表 7.2 和表 7.3 中选取轴径公差带为 k6，外壳孔公差带为 H7，但由于该轴旋转精度要求较高，故应选用 J7 代替 H7。

由表 7.1 查出轴承内、外圈平均上、下偏差，再由表 3.1～表 3.5 查出 k6 和 J7 的上、下偏差，画出公差带图，如图 7.6 所示。

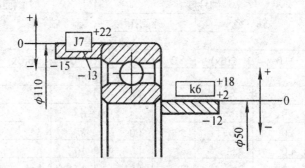

图 7.6　轴承与孔、轴配合的公差带

从图中可得出，轴承内圈与轴的配合：

$$Y_{max}=EI-es=[-12-(+18)]\mu m=-30\mu m$$
$$Y_{min}=ES-ei=[0-(+2)]\ \mu m=-2\mu m$$

轴承外圈与孔的配合：

$$X_{max}=ES-ei=[+22(-15)]\ \mu m=+37\mu m$$
$$Y_{max}=EI-es=[-13-0]\mu m=-13\mu m$$

查表 7.4 选取形位公差数值：轴颈圆柱度公差为 0.004 mm，外壳孔公差为 0.010 mm；轴肩端面圆跳动公差为 0.012 mm，外壳孔公差为 0.025 mm。

查表 7.5 选取表面粗糙度数值：轴颈 $Ra\leqslant0.8\mu m$，轴肩 $Ra\leqslant3.2\mu m$，外壳孔 $Ra\leqslant1.6\mu m$，孔肩 $Ra\leqslant3.2\mu m$。

将选择的各项公差数值标注图上，如图 7.7 所示。

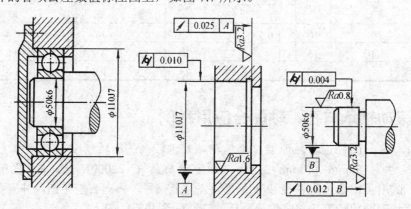

图 7.7　轴颈与外壳孔的公差标注

实验与实训

1. 实训内容

用游标卡尺测量 0 级向心球轴承内、外径的尺寸及误差。

2. 实训目的

掌握滚动轴承采用的基准制及内外径公差带特点。

3. 实训过程

(1) 用游标卡尺分别测量向心球轴承的内径尺寸，分别测量 5 处并记录。
(2) 用游标卡尺分别测量向心球轴承的外径尺寸，分别测量 5 处并记录。
(3) 分别计算内、外径的尺寸极限偏差。
(4) 查表 7.1 确定内外径的公差。
(5) 将测量的误差值与公差值进行比较。

4. 实训总结

通过测量，进一步理解了滚动轴承内外径的公差带特点，证实了其内、外径上下偏差均为零，轴承内孔与轴的配合为基孔制，轴承外圈与孔的配合为基轴制。

习　　题

1. 填空题

(1) 滚动轴承按承受负荷的方向分为_____、_____和_____三种。
(2) 向心轴承精度分为_____、_____、_____、_____和_____五级。其中，_____级最高，_____级最低。
(3) 滚动轴承的内圈与轴的配合，采用_____；滚动轴承的外圈与外壳孔的配合采用_____。
(4) 滚动轴承工作时套圈承受_____、_____和_____三种类型负荷。
(5) 工作温度较高时，内圈应采用较_____的配合。

2. 选择题

(1) 滚动轴承外圈与基本偏差 H 的外壳孔形成(　　)配合。
　　A. 间隙　　　　B. 过盈　　　　C. 过渡
(2) 承受旋转负荷的套圈与轴径或外壳孔的配合，一般宜采用(　　)配合。
　　A. 小间隙　　　B. 小过盈　　　C. 较紧的过渡　　　D. 较松的过渡
(3) 轴承外圈与公差带为 J7、M6 的外壳孔形成的配合属于(　　)。
　　A. 间隙配合　　B. 过盈配合　　C. 过渡配合
(4) 精密坐标镗床的主轴采用(　　)级滚动轴承。
　　A. 6　　　　　B. 5　　　　　C. 4　　　　　D. 2

3. 判断题

(1) 滚动轴承内圈采用基孔制配合，外圈采用基轴制配合。　　　　　(　　)
(2) 滚动轴承的内孔采用基孔制，其公差带位于零线的上方。　　　　(　　)

(3) 一般情况下，轴承内圈随轴一起转动，要求配合处必须有一定的过盈。　　（　　）

(4) 相对于负荷方向固定的套圈，应选择间隙配合。　　　　　　　　　（　　）

(5) 在机械制造业中，应用最广泛的滚动轴承等级为 2 级。　　　　　　（　　）

4. 简答题

(1) 滚动轴承的精度等级有哪几个？

(2) 滚动轴承内、外径公差带有何特点？

(3) 什么是定向负荷、旋转负荷及摆动负荷？

(4) 工作温度对轴承配合有何影响？

5. 实作题

某车床主轴箱内一根轴上，装有两个 0 级深沟球轴承，内径为 20mm，外径为 47mm，这两个轴承的外圈装在同一齿轮的孔内，与齿轮一起旋转，两个轴承的内圈与轴颈相配，轴固定在主轴箱箱壁上，通过该齿轮将主轴的回转运动传给进给箱。已知轴承承受轻载荷，如图 7.8 所示。试用类比法确定轴径和齿轮内孔的公差带代号；画出公差带图，计算内圈与轴、外圈与孔配合的极限间隙及极限过盈；并确定轴颈和齿轮孔的形位公差和表面粗糙度值。

主轴箱箱体

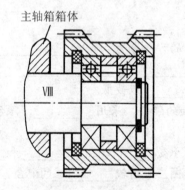

VIII

图 7.8　实作题图

第8章 键与花键联结的互换性

学习目标

通过本章的学习，要求读者了解键与花键联结的用途并掌握其结合特点及要求；掌握平键公差的基准制；会参照相关标准，确定键槽的尺寸公差、形位公差及表面粗糙度；会进行花键公差配合的选择与标注。

内容导入

我们常见的自行车上飞轮的转动，机器上齿轮的啮合运动，是靠键把轴和传动件连接起来传递动力的。那么键连接都有哪些特点？如何确定键与键槽的精度？如何如进行标注及检测？

8.1 概　　述

键和花键联结广泛用于轴和轴上传动件(如齿轮、链轮、带轮、联轴器、手轮等)之间的可拆卸联结，用以传递转矩，有时也用作轴上传动件的导向。在机械制造中应用非常广泛。

键又称单键，根据其结构形式和功能要求不同，可分为平键、半圆键、楔形键等，分别如图 8.1(a)、(b)、(c)所示。

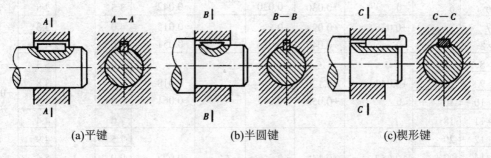

(a)平键　　　　　　　　(b)半圆键　　　　　　　　(c)楔形键

图 8.1　键的类型

花键根据其结构不同，可分为矩形花键、渐开线花键和三角形花键等，其中以矩形花键的应用最广泛。和单键相比较，花键的强度高，承载能力强，但其加工工艺复杂。各种键与花键的形式、尺寸、精度与配合均已标准化，有相应的国家标准。

8.1.1 单键联结特点与要求

平键联结是通过键的侧面分别与轴槽和轮毂槽的侧面相互接触来传递转矩和运动的，平键联结的剖面尺寸如图 8.2 所示。国家标准 GB/T 1095—2003《平键键槽的剖面尺寸》规定，键和键槽宽度 b 是决定配合性质的主要参数，是配合尺寸，应规定较小的公差；而

键的高度 h、长度 L、轴槽深度 t 和轮毂槽深度 t_1 均为非配合尺寸，可规定较大的公差。在设计平键联结时，当轴径 d 确定后，可根据 d 确定平键的参数，如表 8.1 所示。

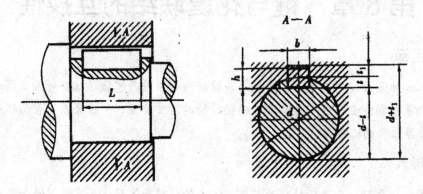

图 8.2　平键联结的几何参数

表 8.1　平键和键槽的剖面尺寸及公差(摘自 GB/T 1095—2003)　　　　单位：mm

键	键 槽									
	宽度 b						深 度			
		极限偏差					轴 t_1		毂 t_2	
公称尺寸 $b \times h$	基本尺寸 b	松联结		正常联结		紧密联结				
		轴 H9	毂 D10	轴 N9	毂 JS9	轴和毂 P9	公称尺寸	极限偏差	公称尺寸	极限偏差
5×5	5	+0.030	+0.078	0	±0.015	−0.012	3.0		2.3	
6×6	6	0	+0.030	−0.030		−0.042	3.5		2.8	
8×7	8	+0.036	+0.098	0	±0.018	−0.015	4.0		3.3	
10×8	10	0	+0.040	−0.036		−0.051	5.0		3.3	
12×8	12						5.0		3.3	
14×9	14	+0.043	+0.120	0	±0.0215	−0.018	5.5	+0.20	3.8	+0.20
16×10	16	0	+0.050	−0.043		−0.061	6.0		4.3	
18×11	18						7.0		4.4	
20×12	20						7.5		4.9	
22×14	22	+0.052	+0.149	0	±0.026	−0.022	9.0		5.4	
25×14	25	0	+0.065	−0.052		−0.074	9.0		5.4	
28×16	28						10.0		6.4	

8.1.2　花键联结的特点与要求

花键联结由内花键(花键孔)和外花键(花键轴)两个零件组成。花键联结与平键联结相比，具有导向性好和定心精度高等优点。同时，由于键数目的增加，键与轴联结成一体，轴和轮毂上承受的载荷分布比较均匀，可用于传递较大转矩和配合件间做轴向运动的场合，在机械制造中得到广泛的应用。

8.2　平键结合的互换性

8.2.1　平键结合的尺寸公差

平键分为普通平键和导向平键两种，前者用于固定联结，后者用于导向联结。

平键联结中的键用型钢制造，是标准件。在键宽与键槽宽的配合中，键宽相当于"轴"，键槽宽相当于"孔"。键的两侧面同时与轴和轮毂两个零件的键槽侧面配合，一般情况下，键与轴槽配合较紧，键与轮毂槽配合较松，相当于一个轴与两个孔配合，且配合性质又不同，考虑到工艺上的特点，为了使不同配合性质所用的键的规格统一起来，键联结采用基轴制。

国家标准 GB/T 1096－2003《普通型　平键》对键宽只规定了一种公差带 h8，为满足各种不同配合性质的要求，对轴槽和轮毂槽的宽度各规定了三种公差带，构成了三种不同性质的配合，分别为较松联结、一般联结和较紧联结。其配合公差带如图 8.3 所示。三种配合的应用场合如表 8.2 所示。

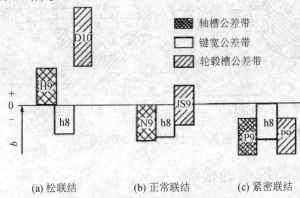

图 8.3　键宽与键槽宽的公差带

表 8.2　平键联结的三组配合及其作用

配合种类	尺寸 b 的公差带			应　用
	键	轴键槽	轮毂键槽	
松联结		H9	D10	用于导向平键，轮毂可在轴上移动
正常联结	h8	N9	JS9	键在轴槽和轮毂槽中均固定，用于载荷都不大的场合
紧密联结		P9	P9	键在轴槽和轮毂槽中均牢固地固定，用于载荷较大，有冲击和双向转矩的场合

国家标准对键联结的非配合尺寸也规定了公差带：键高 h 的公差带代号采用 h11；键长 L 的公差带代号采用 h14；轴槽长度的公差带采用 H14；轴槽深 t_1 和轮毂槽深 t_2 的极限偏差如表 8.1 所示。

在选用平键联结的配合时，首先根据轴颈的基本尺寸按国家标准(见表 8.1)确定平键的公称尺寸，由表中可查得轴槽深 t_1 和轮毂槽深 t_2 的尺寸和公差带，然后再根据零件的使用性能要求参照表 8.2 选取一组适宜的配合公差带，从而确定键宽与轴槽宽和轮毂槽宽配合的尺寸公差带，再根据表 8.1 查取键宽的极限偏差。

8.2.2　平键结合的几何公差和表面粗糙度及图样标注

选用平键联结时还要考虑形位误差和表面粗糙度对联结性能的影响。为保证键宽与键槽宽之间有足够的接触面积和避免装配困难，应分别规定轴槽对轴的轴线和轮毂槽对孔的轴线的对称度公差。根据不同的使用要求，一般可按 GB/T 1184—1996 中对称度公差的 7～9 级选用。轴槽和轮毂槽两侧面的粗糙度参数 Ra 值为 1.6～3.2μm，轴槽和轮毂槽底面的粗糙度参数 Ra 值为 6.3～12.5μm。

轴槽和轮毂槽的剖面尺寸、几何公差及表面粗糙度在图样上的标注如图 8.4 所示。考虑到测量方便，在工作图中，轴槽深 t_1 用"$d-t_1$"标注，其极限偏差与 t_1 相反；轮毂槽深 t_2 用"$d+t_2$"标注，其极限偏差与 t_2 相同。

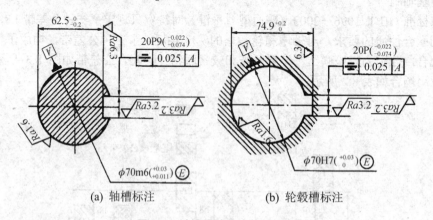

(a) 轴槽标注　　　　　　　(b) 轮毂槽标注

图 8.4　键槽尺寸和公差的标注

8.2.3　平键的键与键槽的检测

1. 尺寸的检测

在单件、小批量生产中，键和键槽的尺寸均可用游标卡尺、千分尺等普通计量器具来测量。在成批、大量生产中，则可用量块或极限量规来检测，如图 8.5 所示。

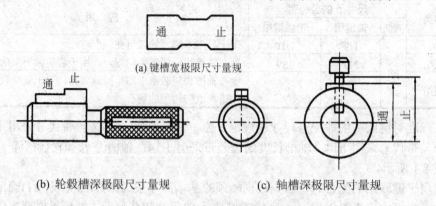

(a) 键槽宽极限尺寸量规

(b) 轮毂槽深极限尺寸量规　　　　　(c) 轴槽深极限尺寸量规

图 8.5　键槽尺寸检测的极限量规

2. 对称度误差检测

当对称度公差遵守独立原则，且为单件、小批量生产时用普通计量器具来测量。常用的测量方法如图 8.6 所示。

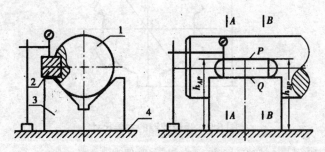

图 8.6 轴槽对称度误差测量

1—工件；2—定位块(量块)；3—V 形架；4—平板

在成批、大量生产或对称度公差采用相关原则时，采用专用量规检验。

当轴槽对称度公差采用相关原则时，键槽对称度公差可采用如图 8.7 所示的量规进行检验。该量规以其 V 形表面作为定位表面，体现基准轴线(不受轴实际尺寸变化的影响)。检测时，若 V 形表面与轴表面接触，量杆能进入键槽，则表示合格。

当轮毂槽对称度公差采用相关原则时，键槽对称度公差可用如图 8.8 所示的量规检验。该量规以圆柱面作为定位表面模拟体现基准轴线。检测时，若它能够同时通过轮毂的孔和键槽，则表示合格。

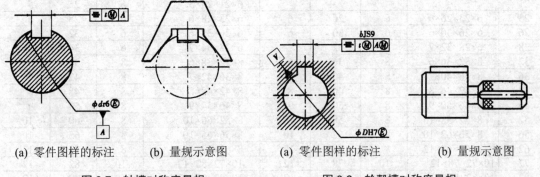

| (a) 零件图样的标注 | (b) 量规示意图 | (a) 零件图样的标注 | (b) 量规示意图 |

图 8.7 轴槽对称度量规   图 8.8 轮毂槽对称度量规

8.3 矩形花键结合的互换性

8.3.1 矩形花键的主要参数和定心方式

1. 矩形花键的主要参数

国家标准 GB/T 1144—2001《矩形花键尺寸、公差和检测》规定了矩形花键主要参数有大径 D、小径 d 和键宽(键槽宽)B。每一个键的两侧面是相互平行的，如图 8.9 所示。

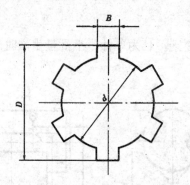

图 8.9　矩形花键的主要尺寸

为了便于加工和测量，国家标准规定键数为偶数，有 6，8，10 三种。按其承载能力，矩形花键规定了轻、中两个系列。轻系列的键高尺寸较小，承载能力低；中系列的键高尺寸较大，承载能力较强。矩形花键的尺寸系列如表 8.3 所示。

表 8.3　矩形花键基本尺寸的系列(摘自 GB/T 1144—2001)　　　　　　　　　单位：mm

小径 d	轻 系 列				中 系 列			
	规格 $N×d×D×B$	键数 N	大径 D	键宽 B	规格 $N×d×D×B$	键数 N	大径 D	键宽 B
11					6×11×14×3	6	14	3
13					6×13×16×3.5	6	16	3.5
16					6×16×20×4	6	20	4
18					6×18×22×5	6	22	5
21					6×21×25×5	6	25	5
23	6×23×26×6	6	26	6	6×23×28×6	6	28	6
26	6×26×30×6	6	30	6	6×26×32×6	6	32	6
28	6×28×32×7	6	32	7	6×28×34×7	6	34	7
32	8×32×36×6	8	36	6	8×32×38×6	8	38	6
36	8×36×40×7	8	40	7	8×36×42×7	8	42	7
42	8×42×46×8	8	46	8	8×42×48×8	8	48	8
46	8×46×50×9	8	50	9	8×46×54×9	8	54	9
52	8×52×58×10	8	58	10	8×52×60×10	8	60	10
56	8×56×62×10	8	62	10	8×56×65×10	8	65	10
62	8×62×68×12	8	68	12	8×62×72×12	8	72	12
72	10×72×78×12	10	78	12	10×72×82×12	10	82	12
82	10×82×88×12	10	88	12	10×82×92×12	10	92	12
92	10×92×98×14	10	98	14	10×92×102×14	10	102	14
102	10×102×108×16	10	108	16	10×102×112×16	10	112	16
112	10×112×120×18	10	120	18	10×112×125×18	10	125	18

2．定心方式

矩形花键联结有三个主要配合要素，即大径 D、小径 d、键宽(键槽宽)B。在制造时要使大径、小径、键宽(键槽宽)都同时配合得很精确相当困难，也没有必要。因此，根据不同的使用要求，花键的三个结合面中只能选取其中一个为主来确定内、外花键的配合性质，确定配合性质的表面称为定心表面，每个结合面都可作为定心表面，因此矩形花键联结有三种定心方式：小径 d 定心、大径 D 定心和键侧 B 定心，如图 8.10 所示。国家标准

规定采用小径 d 定心，因为小径定心有定心精度高、定心稳定性好、使用寿命长、有利于产品质量提高等一系列优点。

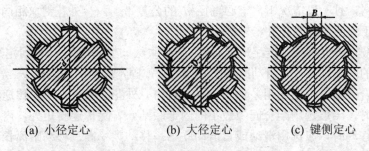

(a) 小径定心　　　　　(b) 大径定心　　　　　(c) 键侧定心

图 8.10　矩形花键联结定心方式示意

8.3.2　矩形花键结合的尺寸公差

1. 内、外花键的尺寸公差与配合

矩形花键联结的尺寸公差带，按其使用要求分为一般用途和精密传动两种，如表 8.4 所示。为减少专用刀具、量具的数目(如拉刀、量规)，花键联结采用基孔制配合。但是，对同一规格拉削后不需要热处理的内花键公差带为 H9；需要热处理的内花键，由于键槽宽度的变形不易修正，为补偿热处理后的变形，公差带为 H11。

表 8.4　矩形花键的尺寸公差带(摘自 GB/T 1144—2001)

内 花 键				外 花 键			装配形式
d	D	B		d	D	B	
		拉削后不热处理	拉削后热处理				
一般用							
H7	H10	H9	H11	f7	a11	d10	滑动
				g7		f9	紧滑动
				h7		h10	固定
精密传动用							
H5	H10	H7、H9		f5	a11	d8	滑动
				g5		f7	紧滑动
				h5		h8	固定
H6				f6		d8	滑动
				g6		f7	紧滑动
				h6		d8	固定

　　注：① 精密传动用的内花键，当需要控制键侧配合间隙时，键槽宽 B 可选用 H7，一般情况下可选用 H9。

　　② 小径 d 的公差为 H6 或 H7 的内花键，允许与提高一级的外花键配合。

2. 矩形花键尺寸公差带的选用

矩形花键尺寸公差带选用的一般原则是：精密传动用矩形花键联结定心精度高，传动转矩大而且平稳，多用于精密、重要的传动中，当需要控制键侧配合间隙时，槽宽公差带可选用 H7，一般情况下可选用 H9；一般传动用矩形花键联结则常用于定心精度要求不高的普通机床变速箱及各种减速器中轴与齿轮花键孔(内花键)的联结。定心直径 d 的公差等级高，要求严格，且一般情况下，定心直径 d 的公差带，内、外花键取相同的公差等级。这个规定不同于普通光滑圆柱孔、轴的配合。

内、外花键的配合类型(装配形式)分为滑动联结、紧滑动联结和固定联结三种。其中，滑动联结的间隙较大，紧滑动联结的间隙次之，固定联结的间隙最小。

花键的配合类型可根据使用条件来选取，若内、外花键在工作中只传递转矩而无相对轴向移动要求时，一般选用配合间隙最小的固定联结。若除传递转矩外，内、外花键之间还有相对轴向移动时，应选用滑动或紧滑动联结。移动频率高，移动距离长时，则应选用配合间隙较大的滑动联结，以保证运动灵活及配合面间有足够的润滑油层。若移动时定心精度要求高，传递转矩大或经常有反向转动时，应选用配合间隙较小的紧滑动联结，以减小冲击与空程并使键侧表面应力分布均匀。表 8.5 列出了几种配合的应用情况，可供设计时参考。

表 8.5   矩形花键配合应用的推荐

应 用	固定联结		滑动联结	
	配 合	特征及应用	配 合	特征及应用
精密传动用	H5/h5	紧固程度较高，可传递大转矩	H5/g5	可滑动程度较低，定心精度高，传递转矩大
	H6/h6	传递中等转矩	H6/f6	可滑动程度中等，定心精度，较高，传递中等转矩
一般用	H7/h7	紧固程度较低，传递转矩较小，可经常拆卸	H7/f7	移动频率高，移动长度大，定心精度要求不高

8.3.3   矩形花键结合的形位公差和表面粗糙度及图样的标注

内、外花键加工时，不可避免地会产生形位误差。为了避免装配困难，并使键侧和键槽侧受力均匀，应控制花键的分度误差。国家标准 GB/T 1144—2001 规定了矩形花键的位置度公差，如表 8.6 所示。

表 8.6   矩形花键位置度公差 t_1(摘自 GB/T 1144—2001)   单位：mm

键(键槽)宽 B		3	3.5～6	7～10	12～18
键槽宽		0.010	0.015	0.020	0.025
键宽	滑动、固定	0.010	0.015	0.020	0.025
	紧滑动	0.006	0.010	0.013	0.016

国家标准 GB/T 1144—2001 对矩形花键的几何公差做了如下规定。

(1) 小径 d 的极限尺寸遵守包容要求。因为小径是矩形花键联结的定心尺寸，必须保证其配合性质。

(2) 在大批量生产条件下，采用花键综合量规来检验，故需遵守最大实体原则，对键和键槽只需规定位置度公差，如图 8.11 所示。

(3) 在单件、小批量生产条件下，遵守独立原则。对键(键槽)宽规定对称度公差和等分度公差，两者同值，如图 8.12 所示。

(4) 对较长的花键，可以根据产品的性能，自行规定键(键槽)侧对小径 d 轴线的平行度公差。

矩形花键各结合面的表面粗糙度参数如表 8.7 所示。

表 8.7　矩形花键表面粗糙度推荐值　　　　　　　　　　　单位：μm

加工表面	内 花 键	外 花 键
	Ra 不大于	
大径	6.3	3.2
小径	0.8	0.8
键侧	3.2	0.8

矩形花键的标注代号按顺序表示为：键数 N、小径 d、大径 D、键(键槽)宽 B，其各自的公差带代号或配合代号标注于各基本尺寸之后，如图 8.11 和图 8.12 所示。

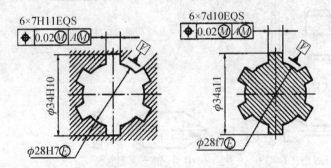

图 8.11　花键位置度公差标注

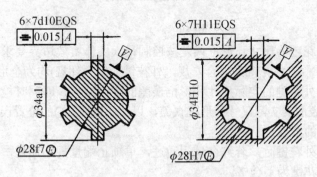

图 8.12　花键对称度公差标注

例 8-1　某矩形花键联结，键数 $N=8$，$d=40\text{mm}$，配合为 H6/h6；大径 $D=54\text{mm}$，配合为 H10/a11；键(键槽)宽 $B=9\text{mm}$，配合为 H9/d。其标注如下：

花键规格：$N×d×D×B$；

$\qquad$ $8×40×54×9$。

花键副：标注花键规格和配合代号，$8×40\dfrac{\text{H6}}{\text{f6}}×54\dfrac{\text{H10}}{\text{a11}}×9\dfrac{\text{H9}}{\text{d8}}$。

内花键：标注花键规格和尺寸公差带代号，8×40H6×54H10×9H9。

外花键：标注花键规格和尺寸公差带代号，8×40f6×54a11×9d8。

8.3.4　矩形花键的检测

花键的检测分为单项检测和综合检测两种。

1. 单项检测

单项检测是对花键的小径、大径、键宽(键槽宽)的尺寸和位置误差分别测量或检验。

采用单项检测时，小径定心表面应采用光滑极限量规检验。大径与键宽的尺寸在单件、小批量生产时使用普通计量器具测量，如光学分度头和万能工具显微镜。在成批大量的生产中，可用专用极限量规来检验，如图 8.13 所示。

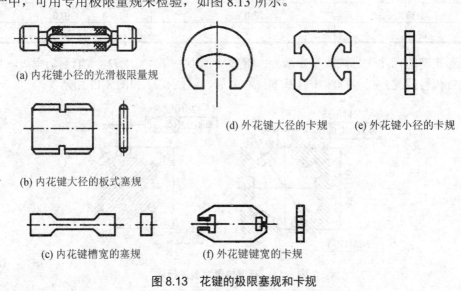

(a) 内花键小径的光滑极限量规

(d) 外花键大径的卡规　　　(e) 外花键小径的卡规

(b) 内花键大径的板式塞规

(c) 内花键槽宽的塞规　　　(f) 外花键键宽的卡规

图 8.13　花键的极限塞规和卡规

2. 综合测量

综合检验是对花键的尺寸、形位误差按控制最大实体实效边界要求，用综合量规进行检验。花键的综合量规(内花键为综合塞规，外花键为综合环规)均为全形通规(见图 8.14)，其作用是检验内、外花键的实际尺寸和形位误差的综合结果，即同时检验花键的小径、大径、键宽(键槽宽)表面的实际尺寸和形位误差，以及各键(键槽)的位置误差、大径对小径的同轴度误差等综合的结果。

综合检测内、外花键时，若综合量规通过，单项止端量规不通过，则花键合格。若综合量规不通过，则花键为不合格。

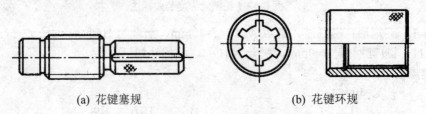

(a) 花键塞规　　　　　　　　　　(b) 花键环规

图 8.14　花键综合量规

实验与实训

1. 实训内容

测量某减速器中齿轮轴 4 与齿轮联结处键宽的尺寸误差，以及轴槽尺寸误差与对称度误差，并用极限量规进行检验。

2. 实训目的

学会平键尺寸及对称度的测量方法。

3. 实训过程

(1) 工具准备：游标卡尺、V 形架、平板、量块、指示表。

(2) 用游标卡尺测量键宽的尺寸 3～4 次，取其平均值，并记录数据。

(3) 用游标卡尺测量轴槽宽度及深度尺寸 3～4 次，取其平均值，并记录数据。

(4) 用键槽宽极限尺寸量规检验检测是否合格。

(5) 参照如图 8.6 所示，用 V 形架、量块、平板、指示表等工具测量轴槽的对称度误差 3～4 次，取其平均值，并记录数据。

(6) 用轴槽对称度量规检验其是否合格。

(7) 用比较样块判断其各面的表面粗糙度。

(8) 画出轴槽的断面图，并标注其几何公差及表面粗糙度。

4. 实训总结

键与键槽的单件测量，可以使用测量工具测出具体数值，而批量测量要用量规直接判断是否合格；键联结属于基轴制配合；键槽的尺寸标注需要标注尺寸公差、形位公差、表面粗糙度。

习　　题

1. 填空题

(1) 单键分为＿＿＿＿、＿＿＿＿和 ＿＿＿＿三种，其中以＿＿＿＿应用最广。

(2) 花键按键廓形状的不同可分为＿＿＿＿ 、＿＿＿＿、＿＿＿＿ 。其中应用最广的是＿＿＿＿。

(3) 平键联结中，键宽与键槽宽的配合采用＿＿＿制；矩形花键联结的配合采用＿＿＿制。

(4) 普通平键联结的三种配合为＿＿＿＿、＿＿＿＿和＿＿＿＿联结。

(5) 花键联结与单键联结相比，其主要优点是＿＿＿＿、＿＿＿＿和＿＿＿。

(6) 矩形花键有三个主要尺寸，即＿＿＿＿、＿＿＿＿ 和＿＿＿＿。国家标准规定矩形花键联结采用＿＿＿＿定心。

(7) 矩形花键联结的装配形式有＿＿＿＿、＿＿＿＿和＿＿＿＿三种。根据规定，花键数为偶数，有＿＿＿＿、＿＿＿＿、＿＿＿＿三种。

(8) 花键的检测分为_____和_____两种。当花键小径定心表面采用包容要求，且位置公差与尺寸公差的关系采用最大实体原则时，一般应采用_____检测。

2. 选择题

(1) 键联结中配合尺寸是指(   )。

    A. 键高   B. 键长   C. 键宽   D. 轴长

(2) 平键联结中，国家标准对键宽规定了(   )种公差带。

    A. 1   B. 2   C. 3   D. 4

(3) 矩形花键联结有(   )个主要尺寸。

    A. 1   B. 2   C. 3   D. 4

(4) 内、外花键的小径定心表面的形状公差遵守(   )原则。

    A. 最大实体   B. 最大实体   C. 包容   D. 独立

(5) 平键联结的键宽公差带为 h9，在采用一般联结，用于载荷不大的一般机械传动的固定联结时，其轴槽宽与毂槽宽的公差带分别为(   )。

    A. 轴槽 H9，毂槽 D10   B. 轴槽 N9，毂槽 Js9

    C. 轴槽 P9，毂槽 P9   D. 轴槽 H7，毂槽 E9

3. 简答题

(1) 在平键联结中，键宽和键槽宽的配合有哪几种？各种配合的应用情况如何？

(2) 平键联结中，键槽的尺寸大小和对称度误差如何测量？

(3) 影响花键联结的配合性质有哪些因素？

(4) 为控制花键的实际尺寸和形位误差，内、外花键应如何验收？

4. 实作题

(1) 某减速器传递一转矩，其中某一齿轮与轴之间通过平键联结来传递转矩。已知键宽 b=8mm，试确定键宽 b 的配合代号，查出其极限偏差值，并做出公差带图。

(2) 某机床变速箱中一滑移齿轮与花键轴联结，已知花键的规格为 6mm × 26 mm × 30 mm × 6mm，花键孔长 30mm，花键轴长 75mm，其结合部位需经常做相对移动，而且定心精度要求较高。试确定：

① 齿轮花键孔和花键轴各主要尺寸的公差带代号和极限偏差。

② 确定相应表面的位置公差和表面粗糙度参数值。

③ 将上述要求分别标注在剖面图 8.15 中。

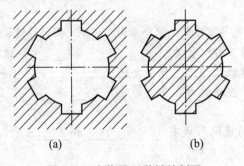

(a)   (b)

图 8.15　实作题(2)花键的剖面

第9章 圆柱齿轮传动的互换性

学习目标

通过本章的学习，要求读者理解齿轮传动的使用要求，理解影响齿轮传动的误差和公差，掌握齿轮必检的精度指标、侧隙指标及其检测。

内容导入

在机械动力传递过程中，齿轮传动是最常见的传动形式之一，那么，齿轮加工产生的误差在传递过程中会产生什么影响？齿轮精度标准有哪些？齿轮的哪些精度指标必须检验？如何检验？

9.1 概　　述

齿轮传动是机器和仪器中最常用的传动形式之一，它广泛地用于传递运动和动力。齿轮传动的质量将影响到机器或仪器的工作性能、承载能力、使用寿命和工作精度。因此，现代工业中的各种机器和仪器对齿轮传动提出了多方面的要求，归纳起来主要有下面几点。

(1) 传递运动的准确性。齿轮传动理论上应按设计规定的传动比来传递运动，即主动轮转过一个角度时，从动轮应按传动比关系转过一个相应的角度。由于齿轮存在有加工误差和安装误差，实际齿轮传动中要保持恒定的传动比是不可能的，因而使得从动轮的实际转角产生了转角误差。传递运动准确性就是要求齿轮在转一周范围内，传动比的变化要小，其最大转角误差应限制在一定的范围内。

(2) 传递运动的平稳性。齿轮任一瞬时传动比的变化，将会使从动轮转速在不断变化，从而产生瞬时加速度和惯性冲击力，引起齿轮传动中的冲击、振动和噪声。传动的平稳性就是要求齿轮在一转范围内，多次重复的瞬时传动比变化要小，一齿转角内的最大转角误差要限制在一定的范围内。

(3) 载荷分布的均匀性。齿轮在传递载荷时，若齿面上的载荷分布不均匀，将会因载荷集中于齿面局部区域而导致齿面产生应力集中，引起齿面的磨损加剧、点蚀甚至轮齿折断。载荷分布的均匀性就是要求齿轮相互啮合的齿面应有良好的接触，其接触的痕迹应足够大，以使轮齿均匀承载，从而提高齿轮的承载能力和使用寿命。

(4) 传动侧隙的合理性。在齿轮传动中，为了贮存润滑油，补偿齿轮受力变形和热变形及齿轮制造和安装误差，齿轮相啮合轮齿的非工作面应留有一定的齿侧间隙，否则齿轮传动过程中可能会出现卡死或烧伤的现象。但该侧隙也不能过大，尤其是对于经常需要正反转的传动齿轮，侧隙过大，会产生空程，引起换向冲击。因此应合理地确定侧隙的数值。

为了保证齿轮传动具有较好的工作性能，对上述四个方面均要有一定的要求。但用途和工作条件不同,应有不同的侧重。

例如,对于分度齿轮、读数齿轮,该类齿轮主要用于精密机床的分度机构、测量仪器上的读数机构,由于其分度要求准确,负荷不大,转速低,所以对齿轮传递运动准确性要求较高,且要求侧隙要小;对于传动齿轮,该类齿轮主要用于高速传动的齿轮,如汽轮机、高速发动机、减速器及高速机床的变速箱中的齿轮传动,传递功率大,转速高,要求工作时振动、冲击和噪声要小,所以这类高速齿轮对以上传动平稳、载荷分布均匀等要求较高;对于传力齿轮,该类齿轮主要是用于传递动力的齿轮,如矿山机械、重型机械等中的低速齿轮,工作载荷大,模数和齿宽均较大,转速一般较低,所以这类动力齿轮载荷分布的均匀性要求较高。

凡有齿轮传动的机械产品,其工作性能、承载能力、使用寿命和工作精度等都与齿轮的传动质量密切相关。而齿轮本身的制造精度及齿轮副的安装精度对齿轮传动质量起着主要作用。随着现代生产和科技的发展,对齿轮传动的精度提出了更高要求。因此,研究齿轮误差对使用性能等的影响,对提高齿轮加工质量具有重要意义。

9.2 渐开线圆柱齿轮的偏差和公差

9.2.1 影响传递运动准确性误差的评定指标和测量

主要影响齿轮传递运动准确性的误差是以齿轮转一周为周期的径向误差和切向误差。径向误差是指齿轮完工后,轮齿的实际分布圆周(或分度圆)与理想的分布圆周(或分度圆)的中心不重合,产生径向偏移。切向误差是指齿轮完工后,其实际轮齿的位置沿以齿轮基准孔中心为圆心的圆周切线方向相对于理想的位置产生偏移。切向误差和径向误差会使齿轮产生以一转为周期的转角误差,影响到齿轮传递运动的准确性。

在齿轮传动中影响传递运动准确性误差的评定指标共有五项。其中综合指标有:切向综合总偏差 $\Delta F_i'$、齿距累积总偏差 $\Delta F_P(\Delta F_{Pk})$;单项指标有:径向跳动 ΔF_r、径向综合总偏差 $\Delta F_i''$、公法线长度变动 ΔF_w。

1. 切向综合总偏差 $\Delta F_i'$

切向综合总偏差 $\Delta F_i'$ (总公差 F_i')是指被测齿轮与理想精确的测量齿轮(允许用齿条、蜗杆、测头等测量元件代替)单面啮合时,在被测齿轮一周内,实际转角与公称转角之差的总幅值,以分度圆弧长计值。它反映出齿轮径向误差、切向误差和基圆齿距偏差、齿廓形状偏差的综合结果。而且,由于测量状态比较接近齿轮的工作状态,因此它是评定齿轮传递运动准确性比较理想的综合性指标。

若切向综合总偏差 $\Delta F_i'$ 不大于切向综合总公差 F_i',即

$$\Delta F_i' \leqslant F_i'$$

则齿轮传递运动准确性满足要求。

$\Delta F_i'$ 是用单面啮合综合检查仪(单啮仪)测量的,单啮仪的种类很多,如机械式、光栅式、磁分度式等。下面以最简单的机械式单啮仪为例来说明单啮仪的测量原理。

图 9.1(a)是双圆盘摩擦式单啮仪测量原理示意图。被测齿轮 1 与作为测量基准的理想精确测量齿轮 2，在公称中心距 a 下形成单面啮合齿轮副的传动。直径分别等于齿轮 1 和齿轮 2 分度圆直径的精密摩擦盘 3 和 4 的纯滚动形成标准传动。若被测齿轮 1 没有误差，则其转轴 6 与圆盘 4 同步回转，传感器 7 无信号输出。若被测齿轮 1 有误差，则转轴 6 与圆盘不同步，两者产生的相对转角误差由传感器 7 经放大器传至记录仪，并可画出一条光滑的、连续的齿轮转角误差曲线[见图 9.1(b)]。该曲线称为切向误差曲线，$\Delta F_i'$ 就是这条误差曲线的最大幅值。

用单啮仪测量，不但测量过程较接近齿轮实际工作状态而使测量结果能较好地反映齿轮的使用质量，而且测量效率高，便于实现测量自动化。但单啮仪制造精度要求高，价格较贵，目前在生产中尚未能广泛使用。

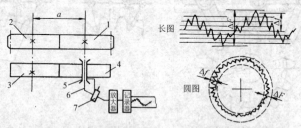

(a) 双圆盘摩擦式单啮仪测量原理　　　(b) 切向综合误差曲线

图 9.1　单面啮合综合测量

2. 齿距累积总偏差 ΔF_P 与齿距累积偏差 ΔF_{Pk}

齿距累积总偏差 ΔF_P(总公差 F_P)是指在分度圆上(允许在齿高中部测量)，任意两个同侧齿面的实际弧长与公称弧长之差的最大绝对值。齿距累积偏差 ΔF_{Pk}(公差 F_{Pk})是指在分度圆上，k 个齿距的实际弧长与公称弧长之差的最大绝对值。

齿距累积总偏差 ΔF_P 反映了分度圆上齿距的不均匀性。ΔF_P 越大，齿廓间的相互位置误差就越大，齿轮一周内的最大转角误差也越大，传递运动的准确性就越差，反之齿轮传递运动的准确性就越高。

由于齿距累积总偏差 ΔF_P 同样综合反映了径向和切向误差对齿轮传递运动准确性的影响，因此 ΔF_P 也是一个评定齿轮传递运动准确性的综合性指标。

若齿距累积误差 ΔF_P 不大于齿距累积总公差 F_P，即

$$\Delta F_P \leqslant F_P$$

则齿轮传递运动准确性满足要求。

由于 ΔF_P 是沿分度圆上若干点(每个同侧齿廓与分度圆的交点)测量的，测量结果是由不连续的折线上取得的，因此它只能反映出这些有限点的误差。用它来评定齿轮传递运动准确性时，不及切向综合误差 $\Delta F_i'$ 全面。

齿距累积偏差 ΔF_{Pk} 是 k 个齿距范围内的局部齿距累积误差。采用齿距累积偏差是为了避免齿距累积总偏差在整个齿圈上的分布过于集中，故在必要时才需加检 ΔF_{Pk}。k 为 2 到小于 $z/2$ 的整数(z 为齿轮的齿数)。

ΔF_P 和 ΔF_{Pk} 的测量方法有绝对法和相对法。相对法是应用较广泛的方法。它常用的仪器是齿距仪或万能测齿仪。图 9.2 是用手持式齿距仪并以齿顶圆定位测量齿距的示意图。

测量时，先用定位支脚 1 和 2 在被测齿轮齿顶圆上定位，调整活动量爪 3 和固定量爪 4，使其在相邻两齿同侧齿廓的分度圆附近与齿面接触。以齿轮任意一个齿距为基准，将仪器的指示表 5 调到零位。然后依次测出其余各实际齿距相对于基准齿距的偏差，经数据处理，便可求出齿距累积误差 ΔF_P 和 k 个齿距累积误差 ΔF_{Pk}。

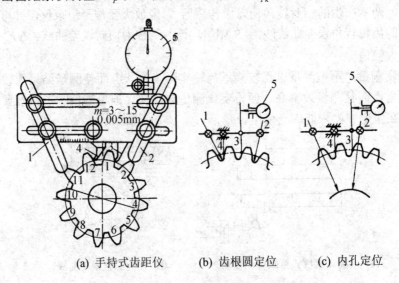

(a) 手持式齿距仪　　(b) 齿根圆定位　　(c) 内孔定位

图 9.2　齿距的测量

1、2—定位支脚；3—活动量爪；4—固定量爪；5—指示表

3. 径向跳动 ΔF_r

径向跳动 ΔF_r(公差 F_r)是指在齿轮一转范围内，测头在齿槽内与齿高中部双面接触，测头相对于齿轮轴线的最大变动量(见图 9.3)。

该指标仅反映出齿轮的径向误差。在齿轮传递运动准确性的评定指标中是属于径向性质的单项性指标。

齿圈径向跳动公差 F_r 是对齿圈径向跳动 ΔF_r 的限制，合格条件为

$$\Delta F_r \leq F_r$$

径向跳动 ΔF_r 可在齿圈径向跳动检查仪或普通偏摆检查仪上测量。如图 9.4(a)所示是齿圈径向跳动检查仪，测量时以齿轮基准孔定位，将被测齿轮的基准孔装在心轴上，心轴支承在仪器的两顶尖之间。把千分表测杆上的专用测头(可以是球、圆锥或 V 形槽等，如图 9.3 和图 9.4(b)与齿轮的齿高中部相接触，依次进行测量。在齿轮一转范围内，指示表最大读数与最小读数之差，即为被测齿轮的 ΔF_r。

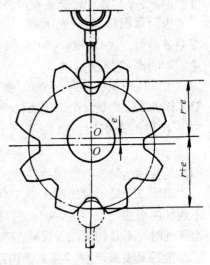

图 9.3　齿圈径向跳动

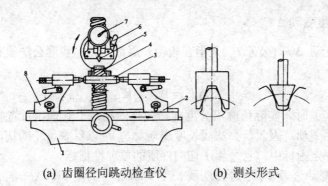

(a) 齿圈径向跳动检查仪　　　　(b) 测头形式

图 9.4　齿圈径向跳动测量

1—底座；2、8—顶尖；3—心轴；4—被测齿轮；5—测量；6—指示表提升手柄；7—指示数

4．径向综合总偏差 $\Delta F_i''$

径向综合总偏差 $\Delta F_i''$（公差 F_i''）是指被测齿轮与理想精确的测量齿轮双面啮合时，在被测齿轮一转内，双啮中心距的最大变动[见图 9.5(a)]。

由于精确的测量齿轮在测量中相当于一个锥形测头，因此在双啮状态下中心距的最大变动量 $\Delta F_i''$ 类似于径向跳动 ΔF_r，主要反映齿轮的径向误差。但由于 $\Delta F_i''$ 是齿轮连续回转测得的，因此齿轮的基圆齿距偏差、齿形误差等以一齿转角为周期的误差也能综合反映在 $\Delta F_i''$ 中，故将双啮中心距的最大变动量称为径向综合总偏差。$\Delta F_i''$ 作为齿轮传递运动准确性的评定指标，与齿圈径向跳动一样，是属于径向性质的单项性指标。

径向综合公差 F_i'' 是对径向综合总偏差 $\Delta F_i''$ 的限制，$\Delta F_i''$ 的合格条件为

$$\Delta F_i'' \leqslant F_i''$$

径向综合总偏差 $\Delta F_i''$ 采用齿轮双面啮合仪（双啮仪）测量，其测量原理如图 9.5(a)所示。被测齿轮 5 安装在固定溜板 6 的心轴上，测量齿轮 3 安装在滑动溜板 4 的心轴上，借助弹簧 2 的作用使两齿轮做无侧隙双面啮合。在被测齿轮一转内，双啮中心距 a 连续变动使滑动溜板位移，通过指示表 1 测出最大与最小中心距变动的差值，即为径向综合总偏差 $\Delta F_i''$，如用自动记录装置，可记录径向综合误差曲线[见图 9.5(b)]，误差曲线的最大幅值即为 $\Delta F_i''$。

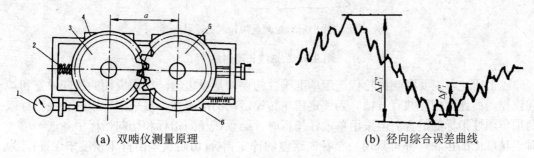

(a) 双啮仪测量原理　　　　　　　(b) 径向综合误差曲线

图 9.5　双面啮合综合测量

1—指示表；2—弹簧；3—测量齿轮；4—溜板；5—被测齿轮；6—溜板

5. 公法线长度变动 ΔF_w

公法线长度变动 ΔF_w(公差 F_w)是指在齿轮一周范围内，实际公法线长度最大值与最小值之差，即

$$\Delta F_w = W_{max} - W_{min}$$

齿轮有切向误差时，实际齿廓沿分度圆切线方向相对于其理论位置将会产生位移，使得公法线长度发生变动。因此，公法线长度变动 ΔF_w 可以反映齿轮的切向误差。在齿轮传递运动准确性的评定指标中，它是属于切向性质的单项性指标。

公法线长度变动公差 F_w 是对公法线长度变动 ΔF_w 的限制，ΔF_w 的合格条件为

$$\Delta F_w \leqslant F_w$$

测量公法线长度可用公法线千分尺[见图 9.6(a)]，用于一般精度齿轮的公法线长度测量。也可用公法线指示卡规[见图 9.6(b)]，公法线指示卡规是根据比较法来进行测量的，用于较高精度齿轮的测量。对于较低精度的齿轮，也可用分度值为 0.02mm 的游标卡尺测量。

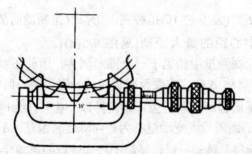

(a) 用公法线千分尺测量齿轮的公法线长度

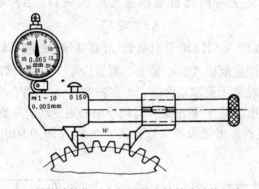

(b) 用公法线指示卡规测量齿轮的公法线长度

图 9.6　公法线长度测量

综上所述，主要影响齿轮传递运动准确性的误差是以齿轮一转为周期的径向误差和切向误差，而评定指标共有五项。为评定齿轮传递运动的准确性，可采用一项综合性指标或两项单项性指标的组合。但采用单项性指标时，必须在径向指标和切向指标中各选一项。对于精度低的齿轮，亦可只用一个径向误差的评定指标(切向误差由机床精度来保证)。为此，影响齿轮传递运动准确性误差的评定指标的组合有以下五组。

(1) 切向综合误差 F_i'。

(2) 齿距累积误差 ΔF_P (必要时加检 ΔF_{Pk})。

(3) 齿圈径向跳动 ΔF_r 与公法线长度变动 ΔF_w。

(4) 径向综合误差 $\Delta F_i''$ 与公法线长度变动 ΔF_w。

(5) 齿圈径向跳动 ΔF_r (仅用于 10~12 级精度的齿轮)。

具体应用时可根据生产条件和工作要求选用上述五组指标中的其中一组来评定齿轮传递运动准确性。必须指出，由于同一齿轮的径向误差与切向误差有可能相互叠加或补偿，故采用 ΔF_w 与 ΔF_w 和 $\Delta F_i''$ 与 ΔF_w 的组合来评定时，若其中有一项超差，不应将该齿轮判废，而应加检齿距累积总偏差 ΔF_p，并按 ΔF_p 来检定和验收齿轮精度。

9.2.2　影响传动平稳性误差的评定指标和测量

齿轮传动的平稳性是由任一瞬时传动比的变化来体现的，而主要影响瞬时传动比变化的误差是以齿轮一个齿距角为周期的基圆齿距偏差和齿廓形状误差。

在齿轮传动中影响传动平稳性误差的评定指标共有五项。其中综合指标有：一齿切向综合偏差 $\Delta f_i'$、一齿径向综合偏差 $\Delta f_i''$；单项指标有：齿廓形状偏差 Δf_f、基圆齿距偏差 Δf_{pb}、单个齿距偏差 Δf_{pt}。

1. 一齿切向综合偏差 $\Delta f_i'$

一齿切向综合偏差 $\Delta f_i'$ (公差 f_i')是指被测齿轮与理想精确的测量齿轮单面啮合时，在被测齿轮一齿距角内，实际转角与公称转角之差的最大幅度值，以分度圆弧长计值。

用单啮仪测量切向综合总偏差 $\Delta F_i'$ 的同时可测得 $\Delta f_i'$。在切向综合误差曲线[见图 9.1(b)]上，波长为一个齿距角的范围内，小波纹的最大幅度值为 $\Delta f_i'$。

一齿切向综合偏差 $\Delta f_i'$ 反映了基节偏差和齿形误差的综合结果，它是一项齿轮传动平稳性较理想的综合性评定指标。

若一齿切向综合偏差 $\Delta f_i'$ 不大于一齿切向综合公差 $\Delta f_i'$，即

$$\Delta f_i' \leqslant f_i'$$

则齿轮传动平稳性满足要求。

2. 一齿径向综合偏差 $\Delta f_i''$

一齿径向综合偏差 $\Delta f_i''$ (公差 f_i'')是指被测齿轮与理想精确的测量齿轮双面啮合时，在被测齿轮一齿距角内，双啮中心距的最大变动量。

用双啮仪测量径向综合总偏差 $\Delta F_i''$ 的同时可测得 $\Delta f_i''$。在径向综合误差曲线[(见图 9.5(b)]上，波长为一个齿距角的范围内，小波纹的最大幅度值即为 $\Delta f_i''$。

一齿径向综合偏差 $\Delta f_i''$ 在一定程度上反映了基节偏差和齿形误差的综合结果，所以它也是一项齿轮传动平稳性的综合性评定指标。但 $\Delta f_i''$ 的测量结果受左、右两齿面的误差共同影响，因此用 $\Delta f_i''$ 评定传动平稳性不如一齿切向综合偏差 $\Delta f_i'$ 精确。

若一齿径向综合偏差 $\Delta f_i''$ 不大于一齿径向综合公差 f_i''，即

$$\Delta f_i'' \leqslant f_i''$$

则齿轮传动平稳性满足要求。

3. 齿廓形状偏差 Δf_f

齿廓形状偏差 Δf_f(公差 f_f)是指在齿轮端面上，齿形工作部分内(齿顶倒棱部分除外)，包容实际齿形且距离为最小的两条设计齿形间的法向距离(见图9.7)。

通常，设计齿形为理论渐开线。在近代齿轮设计中，对于高速齿轮，为减小基节偏差和弹性变形引起的冲击，降低噪声，可以采用以理论渐开线齿形为基础的修正齿形，如图9.7(b)中的修缘齿形和凸齿形等。

应当指出，不要把倒棱与修缘相混淆。倒棱就是通常所说的倒角，其目的是避免齿轮棱边在加工和运输过程中碰伤。棱边碰伤会影响到传动的平稳性。倒棱部分是不参加工作的，它不属于齿形的工作部分。而修缘部分是参加工作的，是属于齿形的工作部分。

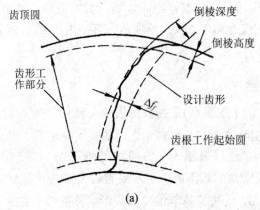

(a)

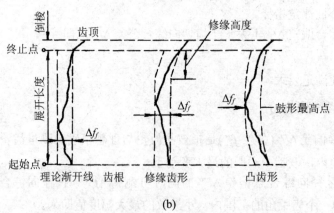

(b)

图9.7 齿形误差

齿廓形状公差 f_f 是对齿廓形状偏差 Δf_f 的限制，合格条件为

$$\Delta f_f \leqslant f_f$$

齿廓形状偏差通常用渐开线检查仪进行测量。渐开线检查仪有单盘式和万能式。图9.8是单盘式渐开线检查仪原理图。被测齿轮2和一直径等于该齿轮基圆直径的基圆盘1装在同一心轴上。基圆盘在弹簧力作用下与直尺7靠紧，在直尺拖板上装有杠杆测头8

和指示表 6。当手轮 4 转动时，直尺 7 即与直尺拖板 5 做直线移动。在摩擦力的作用下，基圆盘被直尺带着转动，并相对于直尺做无滑动的纯滚动。将杠杆测头 8 尖端调整在直尺与基圆盘相切的平面内，则测头端点相对于基圆盘 1 的运动轨迹即为一条渐开线，也就是被测齿轮齿面的理论渐开线。当杠杆测头在测量力作用下与被测齿面接触时，若被测齿形为理论渐开线，则在测量过程中测头相对于齿面无移动，指示表的指针也不会动。记录器记下的是一条直线，如图 9.7(b)中的虚线。当实际齿形相对于理论渐开线有偏差时，就会使测头产生相对运动，指示表的指针发生偏转，记录仪记录下的是一条弯曲的曲线(图 9.7(b)中的实线)。在齿形工作部分内，指示表读数的最大值和最小值之差，或在齿轮误差记录图形上包容实际齿形的两条虚线之间的距离，就是齿廓形状偏差 Δf_f。

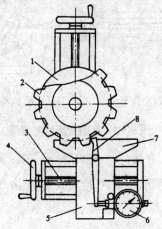

图 9.8　单盘式渐开线检查仪

1—基圆盘；2—被测齿轮；3—螺杆；4—手轮

5—直尺拖板；6—指示表；7—直尺；8—杠杆测头

4. 基圆齿距偏差 Δf_{pb}

基圆齿距偏差 Δf_{pb}(极限偏差$\pm\Delta f_{pb}$)是指实际基圆齿距与公称基圆齿距之差。实际基圆齿距是指基圆柱切平面所截两相邻同侧齿面的交线之间的法向距离(见图 9.9)。

基圆极限偏差$\pm\Delta f_{pb}$是对基圆齿距偏差 Δf_{pb} 的限制。Δf_{pb} 的合格条件为

$$- f_{pb} \leqslant \Delta f_{pb} \leqslant + \Delta f_{pb}$$

图 9.9　基圆偏差

基圆齿距偏差常用基圆齿距检查仪或万能测齿仪来测量。图 9.10 为手持式基圆齿距检查仪。测量时，先按被测齿轮 1 的公称基圆齿距数值，用校对规或量块 6 把基圆齿距仪的活动量爪 2 和固定量爪 5 之间的位置调整好，并使指示表 4 对零。然后将支脚 3 靠在齿轮上，令两量爪在基圆切线上与两相邻同侧齿面的交点相接触。这时，指示表的读数即为实际基圆齿距对公称基圆齿距之差。

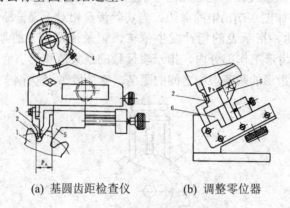

(a) 基圆齿距检查仪　　　　(b) 调整零位器

图 9.10　基圆齿距偏差测量

1—被测齿轮；2—活动量爪；3—支脚；4—指示表；5—固定量爪；6—量块

测量 Δf_{pb} 时，一般要求逐齿测量，并且要测量齿轮的两个侧面。以测得的最大实际偏差作为被测齿轮的 Δf_{pb}。

5. 单个齿距偏差 Δf_{pt}

单个齿距偏差 Δf_{pt}(极限偏差 $\pm f_{pt}$)是指在分度圆上(允许在齿高中部测量)，实际齿距与公称齿距之差(见图 9.11)。

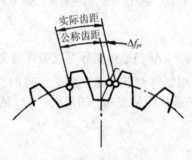

图 9.11　齿距偏差

Δf_{pt} 可作为齿轮传动平稳性的评定指标，代替 Δf_{pb} 或 Δf_a(9 级精度以下的齿轮)。但由于单个齿距偏差不能全面反映齿轮的基圆齿距偏差和齿廓形状偏差对传动平稳性的影响，所以 Δf_{pt} 属于传动平稳性的评定指标中的单项性的指标。

齿距极限偏差 $\pm f_{pt}$ 是对单个齿距偏差 Δf_{pt} 的限制，Δf_{pt} 的合格条件为

$$- f_{pt} \leqslant \Delta f_{pt} \leqslant + f_{pt}$$

单个齿距偏差 Δf_{pt} 与齿距累积总偏差 ΔF_p 的测量方法相同。

综上所述，主要影响齿轮传动平稳性的误差是齿轮一转中多次重复出现，并以一个齿距角为周期的基圆齿距偏差和齿廓形状偏差。评定的指标则有五项。为评定传动平稳性，可采用一项综合性评定指标或两项单项性评定指标的组合。选用单项性评定指标的组合时，原则上评定基圆齿距偏差和齿廓形状偏差的指标应各占一项，即可用 Δf_{pb} 与 Δf_f 或 Δf_{pt} 与 Δf_f 的组合。从控制质量的观点看，这两组指标是等效的。但对修缘齿轮由于不能测量 Δf_{pb}，故应选用 Δf_{pt} 与 Δf_f 这组指标。此外，考虑到 Δf_f 的测量较困难，测量成本也较高，故精度较低(9 级精度以下)，特别是尺寸较大的齿轮，通常不控制其齿形误差而由 Δf_{pt} 代替 Δf_f，有时甚至可以只检查 Δf_{pt} 或 Δf_{pb}(10～12 级精度)。为此，影响齿轮传动平稳性误差的评定指标的组合有以下六组。

(1) 一齿切向综合偏差 $\Delta f_i'$。

(2) 一齿径向综合偏差 $\Delta f_i''$。

(3) 基圆齿距偏差 Δf_{pb} 与齿廓形状偏差 Δf_f。

(4) 单个齿距偏差 Δf_{pt} 与齿廓形状偏差 Δf_f。

(5) 单个齿距偏差 Δf_{pt} 与基圆齿距偏差 Δf_{pb}(用于 9～12 级精度)。

(6) 单个齿距偏差 Δf_{pt} 或基圆齿距偏差 Δf_{pb}(用于 10～12 级精度)。

具体应用时，可根据实际情况选用其中一组来评定齿轮传动的平稳性。

9.2.3　影响载荷分布均匀性误差的评定指标和测量

影响齿轮载荷分布均匀性的主要是相啮合轮齿齿面接触的均匀性。齿面接触不均匀，载荷分布也就不均匀。对单个齿轮，影响齿面均匀接触的，沿齿长方向主要是螺旋线总偏差；沿齿高方向主要是齿廓形状偏差。齿廓形状偏差已由传动平稳性指标限制，一般传递运动平稳性和载荷分布均匀性选取相同精度等级。因此影响载荷分布均匀性的评定指标只有齿长方向的指标，即螺旋线总偏差 ΔF_β(螺旋线总公差 F_β)。

螺旋线总偏差 ΔF_β 是指在分度圆柱面上，齿宽有效部分范围内(端部倒角部分除外)包容实际齿线且距离为最小的两条设计齿线之间的端面距离。

螺旋线总偏差 ΔF_β 反映出齿轮沿齿长方向接触的均匀性，亦即反映出齿轮沿齿长方向载荷分布的均匀性。因此，它是评定载荷分布均匀性的单项性指标。

螺旋线总公差 F_β 是对螺旋线总偏差 ΔF_β 的限制，ΔF_β 的合格条件为

$$\Delta F_\beta \leqslant F_\beta$$

测量直齿轮的螺旋线总偏差 ΔF_β 比较简单，图 9.12 是用小圆柱测量螺旋线总偏差的原理图。被测齿轮装在心轴上，心轴装在两顶针座或等高的 V 形架上，将两个测量棒分别放入齿轮相隔 90° 的 a、c 位置的齿槽间，用检验平板作为基面，在测量棒两端打表，两端点的读数差，乘以 b/l 即近似为齿轮的 ΔF_β。为避免安装误差的影响，应在前后两面测量，取平均值作为测量结果。

9.2.4　传动侧隙合理性的评定指标和测量

侧隙是一对啮合齿轮轮齿的非工作面间留有的间隙，是齿轮传动正常工作的必要

条件。

1．齿厚偏差 ΔE_S

齿厚偏差 ΔE_S(上极限偏差 E_{SS}、下极限偏差 E_{Si})是指分度圆柱面上，齿厚的实际值与公称值之差(见图 9.13)。

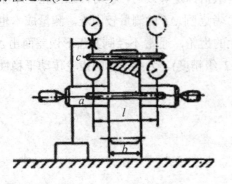
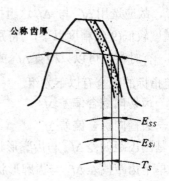

图 9.12　用小圆柱测量螺旋线总偏差的原理图　　　　　图 9.13　齿厚偏差

齿厚极限偏差(E_{SS}、 E_{Si})是对齿厚偏差 ΔE_S 的限制， ΔE_S 合格的条件为

$$E_{Si} \leqslant \Delta E_S \leqslant E_{SS}$$

测量齿厚常用的是齿厚游标卡尺(见图 9.14)。按定义，齿厚是分度圆弧齿厚。但为了方便，一般测量分度圆弦齿厚。测量时，以齿顶圆为基准，调整纵向游标尺来确定分度圆弦齿高 $\bar{h}$，再用横向游标尺测出齿厚的实际值，将实际值减去公称值，即为分度圆齿厚偏差。在齿圈上每隔 90° 测量一个齿厚，取最大的齿厚偏差值作为该齿轮的齿厚偏差 ΔE_S。

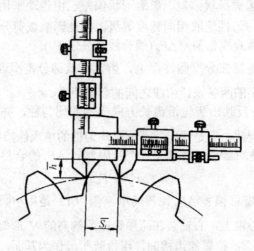

图 9.14　齿厚游标卡尺测量齿厚

对直齿圆柱齿轮，分度圆公称弦齿高 $\bar{h}$ 和弦齿厚 $\bar{s}$ 分别为

$$\bar{h} = m\left[1 + \frac{z}{2}\left(1 - \cos\frac{90°}{z}\right)\right] \tag{9-1}$$

$$\overline{s} = mz\sin\frac{90°}{z} \qquad (9\text{-}2)$$

式中：m——齿轮的模数；

　　　z——齿轮的齿数。

由于测量 ΔE_s 时以齿顶圆为基准，齿顶圆直径偏差和径向跳动会对测量结果有较大的影响，而且齿厚游标卡尺的精度又不高，故它只适用于测量精度较低，或模数较大的齿轮。

2. 公法线平均长度偏差 ΔE_{Wm}

公法线平均长度偏差 ΔE_{Wm}（上极限偏差 E_{Wms}、下极限偏差 E_{Wmi}）是指齿轮一周内，公法线平均长度与公称值之差。

对标准直齿圆柱齿轮，公法线长度的公称值为

$$W = (k-1)p_b + s_b$$

或

$$W = m\left[1.476(2k-1) + 0.014z\right] \qquad (9\text{-}3)$$

式中：k——跨齿数。

对标准直齿圆柱齿轮为

$$k = z\frac{\alpha}{180°} + 0.5 \qquad (9\text{-}4)$$

由式(9-3)可见，齿轮齿厚减薄时，公法线长度亦相应减小，反之亦然。因此，可用测量公法线长度来代替测量齿厚，以评定传动侧隙的合理性。

公法线平均长度的极限偏差 E_{Wms} 和 E_{Wmi} 是对公法线平均长度偏差 ΔE_{Wm} 的限制，ΔE_{Wm} 的合格条件为

$$E_{Wmi} \leqslant \Delta E_{Wm} \leqslant E_{Wms}$$

ΔE_{Wm} 的测量与 ΔF_w 的测量一样，可用公法线千分尺、公法线指示卡规和游标卡尺等测量。在测量 ΔF_w 的同时可测得 ΔE_{Wm}。

由于测量公法线长度时并不以齿顶圆为基准，因此测量结果不受齿顶圆直径偏差和径向跳动的影响，测量的精度高。但为排除切向误差对齿轮公法线长度的影响，应在齿轮一周内至少测量均布的六段公法线长度，并取其平均值计算公法线平均长度偏差 ΔE_{Wm}。

9.2.5　影响齿轮副的评定指标

前面讨论的误差项目及评定指标都是针对单个齿轮提出的。为保证齿轮传动的四项使用要求，对齿轮副同样也要有相应的要求。

1. 齿轮副的切向综合总偏差 $\Delta F_{ic}'$

齿轮副的切向综合总偏差 $\Delta F_{ic}'$（公差 F_{ic}'）是指安装好的齿轮副，在啮合转动足够多的转数内，一个齿轮相对于另一个齿轮的实际转角与公称转角之差的总幅度值，以分度圆弧长计值。

若齿轮副切向综合总偏差 $\Delta F_{ic}'$ 不大于齿轮副切向综合总公差 F_{ic}'，即

$$\Delta F_{ic}' \leqslant F_{ic}'$$

则齿轮副传递运动准确性满足要求。

其中齿轮副切向综合总公差 F_{ic}' 等于两个齿轮的切向综合总公差之和。$\Delta F_{ic}'$ 应按设计中心距安装好的齿轮副成对检测，也可以在齿轮式单啮仪上装上相配的两个齿轮进行测量或按单个齿轮的切向综合总偏差 $\Delta F_{i1}'$ 和 $\Delta F_{i2}'$ 之和来考核，即 $\Delta F_{ic}' = \Delta F_{i1}' + \Delta F_{i2}'$。

2. 齿轮副的一齿切向综合偏差 $\Delta f_{ic}'$

齿轮副的一齿切向综合偏差 $\Delta f_{ic}'$ (公差 f_{ic}')是指安装好的齿轮副，在啮合转动足够多的转数内，一个齿轮相对于另一个齿轮，在一个齿距内实际转角与公称转角之差的最大幅度值，以分度圆弧长计值。

齿轮副的一齿切向综合偏差 $\Delta f_{ic}'$ 是齿轮副传动平稳性的综合评定指标，当用两个齿轮的一齿切向综合偏差来考核时，$\Delta f_{ic}' = \Delta f_{i1}' + \Delta f_{i2}'$。

若齿轮副一齿切向综合偏差 $\Delta f_{ic}'$ 不大于齿轮副的一齿切向综合公差 f_{ic}'，即

$$\Delta f_{ic}' \leqslant f_{ic}'$$

则齿轮副传动平稳性满足要求。

3. 齿轮副的接触斑点

齿轮副的接触斑点是指安装好以后的齿轮副，在轻微制动下运转后齿面上分布的接触擦亮痕迹。接触痕迹的大小在齿面展开图上用百分数计(见图9.15)。

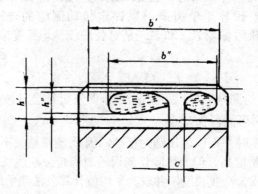

图9.15 接触斑点

沿齿长方向：接触痕迹的长度 b'' (扣除超过模数值的断开部分 c)与工作长度 b' 之比的百分数，即

$$[(b'' - c)/b'] \times 100\%$$

沿齿高方向：接触痕迹的平均高度 h'' 与工作高度 h' 之比的百分数，即

$$(h''/h') \times 100\%$$

接触斑点是评定齿轮副载荷分布均匀性的综合指标。齿轮副擦亮痕迹的大小是在齿轮副装配后的工作装置中测定的，也就是在综合反映齿轮加工误差和安装误差的条件下测定的。因此，其所测得的接触擦亮痕迹最接近工作状态，较为真实。故这项综合指标比

检验单个齿轮载荷分布均匀性的指标更为理想，测量过程也较简单和方便。

若齿轮副的接触斑点不小于规定的百分数，则齿轮副的载荷分布均匀性满足要求。此时，齿轮副中单个齿轮的承载均匀性的评定指标可不考核。

4. 齿轮副的侧隙及其评定指标

齿轮副的侧隙分为圆周侧隙(圆周上极限侧隙 $j_{wt\,max}$、圆周下极限侧隙 $j_{wt\,min}$)和法向侧隙(法向上极限侧隙 $j_{bn\,max}$ 法向下极限侧隙 $j_{bn\,min}$)。

圆周侧隙 j_{wt} 是指装配好以后的齿轮副，当一个齿轮固定时，另一个齿轮的圆周晃动量，以分度圆弧长计值[见图 9.16(a)]。

法向侧隙 j_{bn} 是指装配好以后的齿轮副，当工作齿面接触时，非工作齿面之间的最短距离[见图 9.16(b)]。

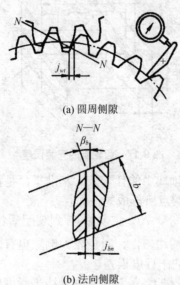

(a) 圆周侧隙

(b) 法向侧隙

图 9.16　齿轮副侧隙

齿轮副的极限侧隙 $j_{bn\,max}$、$j_{bn\,min}$ (或 $j_{wt\,max}$、$j_{wt\,min}$)是对齿轮副侧隙 j_{bn} (或 j_{wt})的限制。若 j_{bn} (或 j_{wt})满足下式要求，即

$$j_{bn\,min} \leqslant j_{bn} \leqslant j_{bn\,max}$$

或

$$j_{wt\,min} \leqslant j_{wt} \leqslant j_{wt\,max}$$

则齿轮副侧隙满足要求。

j_{bn} 可用塞尺测量，也可用压铅丝法测量。j_{wt} 可用指示表测量。

上述对齿轮副的四个方面要求如均能满足，该齿轮副即被认为是合格的。

5. 齿轮副中心距偏差 Δf_a (极限偏差 $\pm f_a$)

齿轮副中心距偏差 Δf_a 是指在齿轮副的齿宽中间平面内，实际中心距与公称中心距之差(见图 9.17)。

齿轮副中心距偏差 Δf_a 的大小直接影响到装配后侧隙的大小，故对轴线不可调节的齿轮传动，必须对其加以控制。

中心距极限偏差$\pm f_a$是对中心距偏差Δf_a的限制，Δf_a的合格条件为

$$-f_a \leqslant \Delta f_a \leqslant +f_a$$

6. 齿轮副的轴线平行度偏差 $\Delta f_{\Sigma\delta}$、$\Delta f_{\Sigma\beta}$

轴线平面内的轴线平行度偏差$\Delta f_{\Sigma\delta}$(公差$f_{\Sigma\delta}$、$f_{\Sigma\beta}$)是指一对齿轮的轴线在其基准平面上投影的平行度误差(见图9.17)。

垂直平面内的轴线平行度偏差$\Delta f_{\Sigma\beta}$是指一对齿轮的轴线在垂直于基准平面，并且平行于基准轴线的平面上投影的平行度误差(见图9.17)。

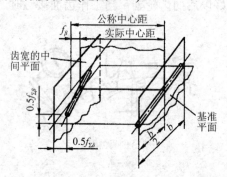

图9.17　齿轮副的安装误差

基准轴线可以是齿轮两条轴线中的任一条。基准平面是指包含基准轴线，并通过由另一条轴线与齿宽中间平面相交的点所形成的平面。

齿轮副轴线平行度偏差$\Delta f_{\Sigma\delta}$、$\Delta f_{\Sigma\beta}$主要影响到装配后齿轮副相啮合齿面接触的均匀性，即影响到齿轮副载荷分布的均匀性，对齿轮副侧隙也有影响。故对轴心线不可调节的齿轮传动，必须控制其轴心线的平行度误差。

齿轮副轴线平行度公差$f_{\Sigma\delta}$和$f_{\Sigma\beta}$是对齿轮副轴线平行度偏差$\Delta f_{\Sigma\delta}$和$\Delta f_{\Sigma\beta}$的限制，合格条件为

$$\Delta f_{\Sigma\delta} \leqslant f_{\Sigma\delta} \text{ 和 } \Delta f_{\Sigma\beta} \leqslant f_{\Sigma\beta}$$

9.3　渐开线圆柱齿轮的精度标准

GB/T 10095.1—2008 和 GB/T 10095.2—2008《圆柱齿轮精度制》对齿轮精度等级做了新的规定。

9.3.1　齿轮精度等级及其选择

国家标准对圆柱齿轮不分直齿与斜齿，精度等级由高至低划分为 0～12 共 13 个等级。其中，0～2 级目前一般单位尚不能制造，称为有待发展的展望级；3～5 级为高精度等级；6～8 级为中等精度等级，9 级为较低精度等级；10～12 级为低精度等级。不同应用场合齿轮传动所采用的精度等级如表 9.1 所示。

表 9.1　各精度等级齿轮的适用范围

精度等级	工作条件与适用范围	圆周速度/(m/s)		齿面的最后加工
		直齿	斜齿	
3	用于最平稳且无噪声的极高速下工作的齿轮；特别精密的分度机构齿轮；特别精密机械中的齿轮；控制机构齿轮；检测 5、6 级的测量齿轮	>50	>75	特精密的磨齿和珩磨用精密滚刀滚齿或单边剃齿后的大多数不经淬火的齿轮
4	用于精密分度机构的齿轮；特别精密机械中的齿轮；高速透平齿轮；控制机构齿轮；检测 7 级的测量齿轮	>40	>70	精密磨齿；大多数用精密滚刀滚齿和珩齿或单边剃齿
5	用于高平稳且低噪声的高速传动中的齿轮；精密机构中的齿轮；透平传动的齿轮；检测 8、9 级的测量齿轮；重要的航空、船用齿轮箱齿轮	>20	>40	精密磨齿；大多数用精密滚刀加工，进而研齿或剃齿
6	用于高速下平稳工作、需要高效率及低噪声的齿轮；航空、汽车用齿轮；读数装置中的精密齿轮；机床传动链齿轮；机床传动齿轮	到 15	到 3	精密磨齿或剃齿
7	在高速和适度功率或大功率及适当速度下工作的齿轮；机床变速箱进给齿轮；高速减速器的齿轮；起重机齿轮；汽车及读数装置中的齿轮	到 10	到 15	无须热处理的齿轮，用精确刀具加工；对于淬硬齿轮必须精整加工磨齿、研齿、珩磨
8	一般机器中无特殊精度要求的齿轮；机床变速齿轮；汽车制造业中的不重要齿轮；冶金、起重、机械齿轮通用减速器的齿轮；农业机械中的重要齿轮	到 6	到 10	滚、插齿均可，不用磨齿；必要时剃齿或研齿
9	用于无精度要求的粗糙工作的齿轮；因结构上考虑受载低于计算载荷的传动用齿轮；重载、低速不重要工作机械的传力齿轮；农机齿轮	到 2	到 4	不需要特殊的精加工工序

9.3.2　齿轮检验项目的选择及公差值确定

国家标准规定的公差项目很多，其中有些项目之间有密切关系，如径向跳动与径向综合总偏差从误差性质来讲，有类似之处，所以不要重复。为保证齿轮的制造精度，在生产中，不可能也没必要对所有误差项目全部进行检验。应根据齿轮副的精度等级、功能要求和生产规模，经济合理地进行检验。

检验项目的选择，须根据齿轮传动的使用精度、检测目的、生产条件、检测手段及经济效益，具体如下。

(1) 根据齿轮精度等级的高低，对高精度的齿轮，应选用最能确切反映齿轮质量的综合性指标检验；对低精度的齿轮，应选用单项性指标组合检验。

(2) 根据检测的目的，可分为完工测量和工艺测量两种：完工测量的目的是检定齿轮质量是否符合图样要求，最好选用综合性指标进行检验，如因测量条件所限，也可选用单项性指标组合进行检验；工艺测量的目的是揭示工艺因素引起的误差，查明误差产生的原因，故应选用单项性指标组合进行检验。

(3) 根据生产的规模及工厂的具体条件，如成批生产齿轮，宜用综合性指标检验；对单件小批量生产齿轮，则应采用单项性指标组合进行检验。此外，还需考虑工厂的检测条件，如综合性指标的检验，需配备单面啮合检查仪。为减少使用测量器具的品种，提高测量效率，应考虑所选检验项目之间的协调性。

(4) 根据被测齿轮几何尺寸的大小，对于直径在 400mm 以下的齿轮，可在固定式的仪器上测量，实行综合测量也较易实现，但对超过一般仪器度量指标的大直径，所选用的检验项目一定要考虑测量手段。

设计过程中，在选择齿轮精度评定指标的同时，还应选择侧隙的评定指标。这些应考虑到齿轮的精度等级、尺寸大小、生产批量和本单位的仪器设备条件，并且尽量用同一仪器测量较多的指标。

9.3.3　齿轮副侧隙的确定

侧隙是齿轮副装配后自然形成的。它对于每一对非工作的齿廓是不相等的，因为齿轮在加工时不可避免地会有一定的运动偏心，导致各轮齿厚度不均，同时齿圈径向跳动也会影响侧隙。考虑到齿轮工作时，轮齿受力有弹性变形，发热时会膨胀，为了防止工作温度升高而卡死，就要求预先将齿轮的齿厚减薄一些，使齿轮工作时留有一定的保证侧隙来补偿这些影响。另外，齿轮在啮合时，需要正常的润滑，因此也要求有一定的保证侧隙。但是，如果侧隙过大，对于要求经常正反转的齿轮和仪器中的读数齿轮是不利的。为了避免齿轮反转时的过大冲击和空程误差，必须控制最大侧隙。圆周侧隙便于测量，但法向侧隙是基本的，它可以与法向齿厚、公法线平均长度、轮齿变形量、油膜厚度等建立函数关系。因此，需要将测得的圆周侧隙通过关系式，换算成法向侧隙($j_{bn} = j_{wt} \cos\alpha_n \cos\beta$)。齿轮副的侧隙要求应按工作条件，用法向最小极限侧隙 $j_{bn\min}$ 与法向最大极限侧隙 $j_{bn\max}$ 来规定。

1．法向最小极限侧隙的计算

法向最小极限侧隙的计算主要考虑齿轮副工作时的温度变化、润滑方式及齿轮工作的圆周速度，而不按齿轮的精度等级选定。

(1) 保证正常润滑所必需的法向侧隙 j_{bn1}，取决于齿轮副的润滑方式和齿轮工作时的圆周速度，其具体数值可参考表 9.2 选取。

表 9.2　j_{bn1} 的推荐值

润滑方式	圆周速度			
	≤10	>10~25	>25~60	>60
喷油润滑	$0.01\,m_n$	$0.02\,m_n$	$0.03\,m_n$	$(0.03\sim0.05)\,m_n$
油池润滑	$(0.005\sim0.01)\,m_n$			

注：m_n 为法向模数，单位为 mm。

(2) 补偿温升引起变形所需的最小的法向侧隙 j_{bn2}，应按下式计算：

$$j_{bn2} = a(\alpha_1 \Delta t_1 - \alpha_2 \Delta t_2) 2 \sin \alpha_n \tag{9-5}$$

式中：a——传动的公称中心距，单位为 mm；

$\quad\quad$ α_1、α_2——齿轮的线膨胀系数和箱体材料的线膨胀系数；

$\quad\quad$ Δt_1、Δt_2——齿轮和箱体工作温度与标准温度 20℃之差，即 $\Delta t_1 = t_1 - 20℃$，$\Delta t_2 = t_2 - 20℃$；

$\quad\quad$ α_n——法向压力角。

法向最小极限侧隙是保证润滑条件所需的侧隙与补偿热变形所需的侧隙之和。因此，由计算得到的齿轮副的法向最小极限侧隙为

$$j_{bn\min} = j_{bn1} + j_{bn2}$$

2. 法向最大极限侧隙的计算

当法向最小极限侧隙和齿轮制造与安装精度确定后，最大极限侧隙自然形成，一般不必再计算。但是对精密读数机构或对回转角有严格要求的齿轮副，可按下式验算最大极限侧隙：

$$j'_{bn\max} = j_{bn\min} + T_j \tag{9-6}$$

其中：

$$T_j = \sqrt{(T_{sn1} \cos \alpha)^2 + (T_{sn2} \cos \alpha)^2 + (2 f_a \sin \alpha_n)^2} \tag{9-7}$$

式中：T_j——侧隙公差；

$\quad\quad$ T_{sn1}——小齿轮齿厚公差；

$\quad\quad$ T_{sn2}——大齿轮齿厚公差；

$\quad\quad$ f_a——齿轮副中心距极限偏差的绝对值。

计算的 $j'_{bn\max}$ 应不大于 $j_{bn\min}$。

3. 齿厚极限偏差的计算

1) 齿厚上偏差的确定

所选择的齿厚上偏差，不仅要保证齿轮副所需要的最小法向极限侧隙 $j_{bn\min}$，同时还要补偿由于齿轮副的加工和安装误差所引起的侧隙减小量 J_n。J_n 值由下式计算：

$$J_n = \sqrt{f_{pb1}^2 + f_{pb2}^2 + 2(F_\beta \cos \alpha_n)^2 + (f_{\Sigma\delta} \sin \alpha_n)^2 + (f_{\Sigma\beta} \cos \alpha_n)^2} \tag{9-8}$$

式中：f_{pb}——基圆齿距极限偏差；

$\quad\quad$ F_β——螺旋线总公差；

$\quad\quad$ $f_{\Sigma\delta}$、$f_{\Sigma\beta}$——轴线平面内和垂直平面上的轴线平行度公差；

$\quad\quad$ α_n——法向压力角。

根据公式 $f_{\Sigma\beta} = 0.5 F_\beta$、$f_{\Sigma\delta} = 2 f_{\Sigma\beta}$，代入上式，并取 $\alpha_n = 20°$，化简得

$$J_n = \sqrt{f_{pb1}^2 + f_{pb2}^2 + 2.104 F_\beta^2}$$

由于 J_n 的存在，实际上应是 $j_{bn\min}$ 加 J_n 后的数值再平均分配给两个相互啮合的齿轮，换算成齿厚减薄量为 $\dfrac{j_{bn\min} + J_n}{2 \cos \alpha_n}$，同时，齿轮中心距 a 的极限偏差 f_a 也影响侧隙，换算成

齿厚减薄量为 $f_a \tan \alpha_n$，一般两个齿轮的齿厚上偏差数值相等，因此每个齿轮的齿厚上偏差为

$$E_{sns} = -\left(f_a \tan \alpha_n + \frac{j_{bn\min} + J_n}{2\cos \alpha_n} \right)$$

2) 齿厚下偏差

齿厚下偏差 E_{sni} 由齿厚上偏差 E_{sns} 与齿厚公差 T_{sn} 求得，即

$$E_{sni} = E_{sns} - T_{sn} \tag{9-9}$$

由式(9-9)可知，要确定齿厚下偏差 E_{sni}，需要先确定齿厚公差 T_{sn}。齿厚公差的大小反映切齿加工的难易程度，用以控制齿轮加工时所有齿轮上全部轮齿的实际齿厚变动量。因此，齿厚公差的数值与切齿加工时径向进刀误差 Δb_r，以及反映一周中各齿厚度变动的径向跳动 F_r 有关。齿厚公差的计算式为

$$T_{sn} = 2\tan \alpha_n \times \sqrt{b_r^2 + F_r^2}$$

b_r 的数值与齿轮的精度等级关系，如表 9.3 所示。

表 9.3　切齿径向进刀公差值

切齿工艺	磨		滚　插		铣	
齿轮的精度等级	4	5	6	7	8	9
b_r 值	1.26IT7	IT8	1.26IT8	IT9	1.26IT9	IT10

4．公法线平均长度极限偏差的计算

大模数齿轮，在生产中通常测量齿厚；中、小模数齿轮，在成批生产中，一般测量公法线平均长度。测量公法线长度比测量齿厚简单方便，而且还能同时评定齿轮传动的准确性。由于国家标准中未直接规定公法线平均长度的极限偏差值，所以设计时常常需要把齿厚的极限偏差换算成公法线长度的极限偏差(即上偏差 E_{Wms}、下偏差 E_{Wmi})。公法线平均长度偏差 E_{Wm} 可从齿厚极限偏差进行换算。对于外齿轮：

公法线平均长度上偏差 E_{Wms}：

$$E_{Wms} = E_{sns} \cos \alpha - 0.72 F_r \sin \alpha \tag{9-10}$$

公法线平均长度公差 T_W：

$$T_W = T_{sn} \cos \alpha - 1.44 F_r \sin \alpha \tag{9-11}$$

公法线平均长度下偏差 E_{Wmi}：

$$E_{Wmi} = E_{Wms} - T_W \tag{9-12}$$

式(9-10)中 $0.72 F_r$ 主要考虑公法线长度只能反映切向误差，而不反映径向误差(径向跳动)对齿轮副法向侧隙的影响，因此，在换算时要扣除法向侧隙的影响。系数 0.72 是概率值，目的是使 $0.72\sin 20° = 0.25$，0.25 为优先数。

9.3.4　齿坯精度

齿坯公差是指齿轮的设计基准面、工艺基准面和测量基准面的尺寸公差和几何公差，这些公差都应标注在齿轮图样上。

由于齿坯的加工精度对齿轮加工的精度、测量准确度和安装精度影响很大，在一定的条件下，用控制齿轮毛坯精度来保证和提高齿轮加工精度是一项积极措施。因此，国家标准对齿轮毛坯公差做了具体规定。

齿轮内孔(或带轴齿轮的轴颈)的轴线、顶圆、端面常用作齿轮加工、测量和装配的基准，而基准轴线是以内孔或轴颈表面来体现的，故对其有精度要求，必须对它们规定公差。齿轮孔或轴颈的尺寸公差和形状公差，以及齿顶圆柱面的尺寸公差按表 9.4 确定。顶圆尺寸公差带应采用 h 基本偏差。基准孔(轴颈)的尺寸公差与形状公差应遵守包容要求。基准面径向和端面跳动公差按表 9.5 确定。

表 9.4　齿坯公差

齿坯精度等级		1	2	3	4	5	6	7	8	9	10	11	12
孔	尺寸公差	IT4	IT4	IT4	IT4	IT5	IT6	IT7		IT8		IT8	
	形状公差	IT1	IT2	IT3									
轴	尺寸公差	IT4	IT4	IT4	IT4	IT5		IT6		IT7		IT8	
	形状公差	IT1	IT2	IT3									
顶圆直径		IT6		IT7		IT8				IT9		IT11	

注：① 当各项的精度等级不同时，按最高的精度等级确定齿坯公差。

　　② 当顶圆不做测量齿厚的基准时，尺寸公差按 IT11 给定，但不大于 $0.1m_n$。

表 9.5　齿坯基准面径向跳动和端面跳动公差　　　　单位：μm

分度圆直径 (mm)	齿轮精度等级				
	1 和 2	3 和 4	5 和 6	7 和 8	9 到 12
≤125	2.8	7	11	18	28
>125～400	3.6	9	14	22	36

齿轮上主要表面的表面粗糙度与齿轮的精度等级有关，表 9.6 所列可供参考。

表 9.6　齿轮各主要表面的表面粗糙度 Ra 推荐值　　　　单位：μm

齿轮精度等级	6	7		8	9	
齿面	0.32～0.63	1.6	3.2	6.3(3.2)	6.3	12.5
齿面加工方法	磨或珩齿	剃或珩齿	滚或插	滚或插	滚	铣
齿轮基准孔	1.6	1.6～3.2			6.3	
齿轮轴基准轴颈	0.8	1.6		3.2		
齿轮基准端面	3.2～6.3			6.3		
齿轮顶圆	6.3					

注：当各项的精度等级不同时，按最高的精度等级确定 Ra 值。

实验与实训

1. 实验内容

用千分尺和齿轮游标卡尺测量齿厚偏差。

2. 实验目的

熟练掌握测量齿轮齿厚的方法，加深对齿轮齿厚偏差的理解。

3. 实验过程

(1) 用千分尺量出齿顶圆的实际直径 D'_e，并计算理论的齿顶圆直径 D_e。

(2) 计算出实际分度圆处的弦齿高 h 和弦齿厚的公称值，如图 9.18 所示。

(3) 将垂直尺 1 准确地定位到公称弦齿高，并用螺钉紧固。

(4) 将卡尺置于齿轮上，使垂直尺顶端 2 与齿圆接触，然后将量爪 3 和 4 靠近齿廓，从水平游标尺上读出分度圆弦齿厚的实际值。测量时一定使量爪测量面与被测齿面保持良好接触，否则将产生较大的测量误差。接触良好与否可以用透光法加以判断。

(5) 分别在圆周上相隔相同的几个轮齿上进行测量。

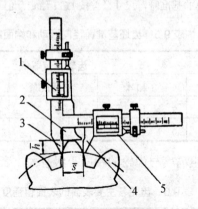

图 9.18　齿厚测量

1、5—游框；2—定位高度尺；3、4—量爪

4. 实验总结

通过对齿厚偏差的测量，懂得齿轮齿厚的测量原理、测量方法，确定出齿厚上偏差和下偏差，并判断齿厚的适用性；进一步理解齿轮的精度要求。

习　题

1. 填空题

(1) 按 GB 10095—2008 的规定，圆柱齿轮的精度等级分为_____个等级，其中

_____是制定标准的基础级，用一般的切齿加工便能达到，在设计中用得最广。

(2) 当选择 $\Delta F_i''$ 和 ΔF_w 组合验收齿轮时，若其中只有一项超差，则考虑到径向误差与切向误差相互补偿的可以性，可按_____合格与否评定齿轮精度。

(3) 国家标准规定，第 I 公差组的检验组用来检定齿轮的_____；第 II 公差组的检验组用来检定齿轮的_____；第 III 公差组的检验组用来检定齿轮的_____。

(4) 在同一公差组内各项公差与极限偏差应保持_____(相同或不同)的精度等级。

(5) 分度、读数齿轮用于传递精确的角位移，其主要要求是_____。

(6) 齿轮标记 6DF GB 10095—2008 的含义是：6 表示_____，D 表示_____，F 表示_____。

2. 选择题

(1) 本课程研究的是零件(　　)方面的互换性。

 A. 物理性能 B. 几何参数 C. 化学性能 D. 尺寸

(2) 影响齿轮传递运动准确性的误差项目有(　　)。

 A. 齿距累积偏差   B. 一齿切向综合偏差

 C. 切向综合总偏差   D. 公法线长度变动偏差

 E. 齿廓形状偏差

(3) 影响齿轮载荷分布均匀性的误差项目有(　　)。

 A. 切向综合偏差   B. 齿廓形状偏差

 C. 齿向偏差   D. 一齿径向综合偏差

(4) 影响齿轮传动平稳性的误差项目有(　　)。

 A. 一齿切向综合偏差   B. 齿圈径向跳动

 C. 基圆偏差   D. 齿距累积误差

(5) 单件、小批量生产直齿圆柱齿轮 7FL GB 10095—2008，其第 I 公差组的检验组应选用(　　)。

 A. 切向综合总公差

 B. 齿距累积公差

 C. 径向综合公差和公法线长度变动公差

 D. 齿圈径向跳动公差

(6) 大批量生产的直齿圆柱齿轮 766GM GB 10095—2008，其第 II 公差组的检验组应选用(　　)。

 A. 一齿切向综合公差   B. 齿形公差和基圆极限偏差

 C. 齿距偏差   D. 齿向公差

(7) 影响齿轮副侧隙的加工误差有(　　)。

 A. 齿厚偏差   B. 基圆偏差

 C. 齿圈的径向跳动   D. 公法线平均长度偏差

 E. 齿向误差

(8) 下列各齿轮的标注中，齿距极限偏差等级为 6 级的有(　　)。

 A. 655GM GB 10095—2008

 B. 765GH GB 10095—2008

C. 876(-0.330-0.496)GB 10095—2008

D. 6FL GB 10095—2008

(9) 齿轮公差项目中属综合性项目的有( )。

A. 一齿切向综合公差   B. 一齿径向公差

C. 齿圈径向跳动公差   D. 齿距累积公差

E. 齿形公差

(10) 下列项目中属于齿轮副的公差项目的有( )。

A. 齿向公差   B. 齿轮副切向综合公差

C. 接触斑点   D. 齿廓形状公差

(11) 下列说法正确的有( )。

A. 用于精密机床的分度机构、测量仪器上的读数分度齿轮,一般要求传动准确

B. 用于传递动力的齿轮,一般要求载荷分布均匀

C. 用于高速传动的齿轮,一般要求载荷分布均匀

D. 低速动力齿轮,对运动的准确性要求高

3. 判断题

(1) 齿轮传动的平稳性是要求齿轮一转内最大转角误差限制在一定的范围内。   ( )

(2) 高速动力齿轮对传动平稳性和载荷分布均匀性都要求很高。   ( )

(3) 齿轮传动的振动和噪声是由于齿轮传动的不准确性引起的。   ( )

(4) 齿向误差主要反映齿宽方向的接触质量,它是齿轮传动载荷分布均匀性的主要控制指标之一。   ( )

(5) 精密仪器中的齿轮对传递运动的准确性要求很高,而对传动的平稳性要求不高。( )

(6) 齿轮的一齿切向综合公差是评定齿轮传动平稳性的项目。   ( )

(7) 齿廓形状偏差是用于评定齿轮传动平稳性的综合指标。   ( )

(8) 圆柱齿轮根据不同的传动要求,对三个公差组可以选用不同的精度等级。   ( )

(9) 齿轮副的接触斑点是评定齿轮副载荷分布均匀性的综合指标。   ( )

(10) 在齿轮的加工误差中,影响齿轮副侧隙的误差主要是齿厚偏差和公法线平均长度偏差。   ( )

4. 简答题

(1) 单个齿轮评定有哪些评定指标?

(2) 为什么要规定齿坯公差?齿坯要求检验哪些精度项目?

(3) 齿轮副精度评定指标有哪些?

(4) 齿轮侧隙用什么参数评定?

(5) 齿轮精度设计包括哪些内容?试说明其设计步骤。

5. 实作题

(1) 有一 7 级精度的直齿圆柱齿轮,模数 $m=2\text{mm}$,齿数 $z=30$,齿形角 $\alpha=20°$。检验结果是: $\Delta F_r=20\mu\text{m}$,$\Delta F_p=35\mu\text{m}$。该齿轮的以上各项目是否合格?

(2) 某通用机械中有一齿轮，模数 $m=3mm$，齿数 $z=32$，齿宽 $b=20mm$，齿形角 $\alpha=20$，传递最大功率为 5kW，转速 $n=960r/min$，试确定其精度等级。若该齿轮在中小厂试制生产，确定检验项目，并查出极限偏差值。

参 考 文 献

[1] 国家标准化委员会. 产品几何技术规范(GPS) 几何公差形状、方向、位置和跳动公差标注(GB/T 1182—2008). 北京：中国标准出版社，2008

[2] 国家标准化委员会. 产品几何技术规范(GPS) 极限与配合 第 1 部分：公差、偏差和配合的基础(GB/T 1800.1—2009). 北京：中国标准出版社，2009

[3] 国家标准化委员会. 产品几何技术规范(GPS) 极限与配合 第 2 部分：标准公差等级和孔、轴极限偏差表(GB/T 1800.2—2009). 北京：中国标准出版社，2009

[4] 国家标准化委员会. 产品几何技术规范(GPS) 极限与配合 公差带和配合的选择(GB/T 1801—2009). 北京：中国标准出版社，2009

[5] 国家标准化委员会. 一般公差未注公差的线性和角度尺寸的公差(GB/T 1804—2000). 北京：中国标准出版社，2000

[6] 国家标准化委员会. 平键键槽的剖面尺寸(GB/T 1095—2003). 北京：中国标准出版社，2003

[7] 国家标准化委员会. 矩形花键尺寸、公差和检测(GB/T 1144—2001). 北京：中国标准出版社，2001

[8] 国家标准化委员会. 圆柱直齿渐开线花键(GB/T 3478—2008). 北京：中国标准出版社，2008

[9] 国家标准化委员会. 几何量技术规范(GPS) 长度标准量块(GB/T 6093—2001). 北京：中国标准出版社，2001

[10] 国家标准化委员会. 光滑工件尺寸的检验(GB/T 3177—1997). 北京：中国标准出版社，1997